新农村建设实用技术丛书

葡萄贮运保鲜

科学技术部中国农村技术开发中心
组织编写

中国农业科学技术出版社

图书在版编目(CIP)数据

葡萄贮运保鲜/修德仁等编著. —北京：中国农业科学技术出版社，2006.10

(新农村建设实用技术丛书·农产品加工系列)

ISBN 7-80167-985-7

Ⅰ.葡… Ⅱ.修… Ⅲ.①葡萄-贮运②葡萄-食品保鲜 Ⅳ.S663.109

中国版本图书馆CIP数据核字（2006）第144358号

责任编辑 闫庆健
责任校对 贾晓红 康苗苗
整体设计 孙宝林 马 钢

出版发行 中国农业科学技术出版社
北京市中关村南大街12号 邮编:100081
电 话 (010)68919704(发行部) (010)62189012(编辑室)
(010)68919703(读者服务部)
传 真 (010)68975144
网 址 http://www.castp.cn
经 销 者 新华书店北京发行所
印 刷 者 北京科信印刷有限公司
开 本 850 mm×1168 mm 1/32
印 张 3.875
字 数 100千字
版 次 2006年10月第1版 2012年2月第17次印刷
定 价 9.80元

《新农村建设实用技术丛书》编辑委员会

《葡萄贮运保鲜》编写人员

修德仁　胡云峰　编著

修德仁

从事葡萄科研与产业化研究 40 年。在巨峰系品种引进与开发，葡萄早期丰产、优质基地建设、贮藏保鲜技术研发获成果 11 项，发表论文 80 余篇，为国家人事部突出贡献专家、国务院特贴专家。现任国家农产品保鲜工程技术研究中心研究员、中国农学会葡萄分会理事长。

序

丹心终不改，白发为谁生。科技工作者历来具有忧国忧民的情愫。党的十六届五中全会提出建设社会主义新农村的重大历史任务，广大科技工作者更加感到前程似锦、责任重大，纷纷以实际行动担当起这项使命。中国农村技术开发中心和中国农业科学技术出版社经过努力，在很短的时间里就筹划编撰了《新农村建设系列科技丛书》，这是落实胡锦涛总书记提出的“尊重农民意愿，维护农民利益，增进农民福祉”指示精神又一重要体现，是建设新农村开局之年的一份厚礼。贺为序。

新农村建设重大历史任务的提出，指明了当前和今后一个时期“三农”工作的方向。全国科学技术大会的召开和《国家中长期科学技术发展规划纲要》的发布实施，树立了我国科技发展史上新的里程碑。党中央国务院做出的重大战略决策和部署，既对农村科技工作提出了新要求，又给农村科技事业提供了空前发展的新机遇。科技部积极响应中央号召，把科技促进社会主义新农村建设作为农村科技工作的中心任务，从高新技术研究、关键技术攻关、技术集成配套、科技成果转化和综合科技示范等方面进行了全面部署，并启动实施了新农村建设科技促进行动。编辑出版《新农村建设系列科技丛书》正是落实农村科技工作部署，把先进、实用技术推广到农村，为新农村建设提供有力科技支撑的一项重要举措。

这套丛书从三个层次多侧面、多角度、全方位为新农村建设提供科技支撑。一是以广大农民为读者群，从现代农业、农村社区、城镇化等方面入手，着眼于能够满足当前新农村建设中发展生产、乡村建设、生态环境、医疗卫生实际需求，编辑出版《新农村建设实用技术丛书》；二是以县、乡村干部和企业为读者群，着眼于新农村建设中迫切需要解决的重大问题，在新农村社区规划、农村住宅设计及新材料和节材节能技术、能源和资源高效利用、节水和给排水、农村生态修复、农产品加工保鲜、种植、养殖等方面，集成配套现有技术，编辑出版《新农村建设集成技术丛书》；三是以从事农村科技学习、研究、管理的学生、学者和管理干部等为读者群，着眼于农村科技的前沿领域，深入浅出地介绍相关科技领域的国内外研究现状和发展前景，编辑出版《新农村建设重大科技前沿丛书》。

该套丛书通俗易懂、图文并茂、深入浅出，凝结了一批权威专家、科技骨干和具有丰富实践经验的专业技术人员的心血和智慧，体现了科技界倾注“三农”，依靠科技推动新农村建设的信心和决心，必将为新农村建设做出新的贡献。

科学技术是第一生产力。《新农村建设系列科技丛书》的出版发行是顺应历史潮流，惠泽广大农民，落实新农村建设部署的重要措施之一。今后我们将进一步研究探索科技推进新农村建设的途径和措施，为广大科技人员投身于新农村建设提供更为广阔的空间和平台。“天下顺治在民富，天下和静在民乐，天下兴行在民趋于正。”让我们肩负起历史的使命，落实科学发展观，以科技创新和机制创新为动力，与时俱进、开拓进取，为社会主义新农村建设提供强大的支撑和不竭的动力。

中华人民共和国科学技术部副部长 刘燕华

2006年7月10日于北京

目　录

一、概　　述

（一）中国鲜食葡萄产量名列世界前茅

21 世纪的今天，世界葡萄产业已进入商品化、产业化、工业化的现代化生产阶段。葡萄是世界四大水果之一，产量和面积仅次于柑橘，位居第二。2001 年全球栽培面积达 763. 7 万公顷，总产量达6 120万吨，其中 80% 以上用于酿酒，而制干、制汁仅占5% ~8%。近年鲜食葡萄消费量虽有所增加，但总量不超过 1 千万吨。

欧洲是葡萄和葡萄酒的最大生产和消费区，仅法国、意大利、西班牙 3 个国家，就拥有世界上约 40% 的葡萄园和葡萄酒产量的一半。鲜食葡萄产业则属劳动密集型产业，从种植、架式管理到采收，从采后果穗整理、包装到贮藏运输、货架保鲜，都比加工用葡萄需更多的劳动力投入。在人少地多、劳力资源短缺、劳力费用昂贵的发达国家，鲜食葡萄产业的发展必然受到限制。据调查资料，鲜食葡萄产业发展较快的新兴国家，几乎都是发展中国家。这个信息给我们提供信心和决心，中国大力发展鲜食葡萄产业具有广阔的市场前景。

我国葡萄产业发展的突出特点是：鲜食葡萄一直占据主导地位，其次才是酿酒、制干、制汁、制罐业。2001 年，我国葡萄种植面积 33. 4 万公顷，葡萄产量 367. 9 万吨，其中鲜食葡萄总量超过 250 万吨，葡萄酒产量为 25 万吨，需葡萄原料约 40 万吨；葡萄干产量约 10 万吨，需葡萄原料 30 余万吨。由于我国葡萄制汁业刚刚起步，葡萄用于制罐也不是优势果品，所以制汁、制罐的原料用量很少。从上述情况可以看出，中国葡萄加工业所需原料占葡萄总产量为25%左右，而75%左右的产量属于鲜食葡萄。现中国鲜食葡萄产量名列世界前茅，据2002年在陕西召开的国际葡萄与葡萄酒学术研讨会的信息，中国是世界鲜食葡萄生产的第一大国。由于中国幅员辽阔、人口众多，目前年人均占有量仅2千克，发展余地很大。

葡萄是人们普遍喜爱的果品，果穗艳丽，晶莹剔透，果肉柔软或酥脆，酸甜可口、香气怡人。其品质既能满足人们的感官享受，又有很高的营养及保健价值。据测定，葡萄鲜果中含有15%~25%糖类，主要是易被人体吸收的葡萄糖和果糖；有0.5%~1.5%的有机酸，主要是苹果酸和酒石酸；有0.3%~0.5%的矿物质，以及多种维生素、蛋白质、氨基酸等。大量的研究报告指出，食用葡萄或适量饮用葡萄酒，能够减少脂肪在血管中的沉积，能减少心血管疾病的发生。美国著名的《科学》期刊在1997年1月的一篇报告中称，葡萄及其产品中有一种抗癌物质叫白藜芦醇（resveratrol），该物质的大量存在能够防止细胞的癌变。20世纪90年代中后期，在世界及中国，出现饮红葡萄酒“热”（即葡萄红色品种带皮发酵的低酒精度饮料）和对鲜食葡萄的青睐，这与上述报道不无关系。无论从葡萄品质及其营养与保健价值上看，我国年人均2千克葡萄量远远不能满足日益增长的生活水平及生活质量提高的需求，我国鲜食葡萄产业有较大的发展空间。我们还要在扩展鲜食葡萄国内市场的同时，加速开拓国际市场，使中国的鲜食葡萄产业以后发优势走向世界。

（二）中国是鲜食葡萄主要进口国之一

中国虽然是世界上鲜食葡萄第一生产大国，但中国又是鲜食葡萄主要进口国之一。在20世纪中国就有一些鲜食葡萄出口，总量仅1 000~3 000吨。而据1980~1990年我国鲜食葡萄进出口情况统计报告，10年间我国鲜食葡萄进口量达到1万余吨，增加了20倍，已成为世界第14位鲜食葡萄进口国，其间鲜食葡萄出口量减少很多。进入21世纪，中国鲜食葡萄消费量上升，进口量大幅增长，包括从港澳转口进入大陆市场的，鲜食葡萄进口总量已超过10万吨，成为名列前茅的进口大国，而出口量仍然停留在几千吨的水平上。从表1可见，从1978年到2001年，中国葡萄面积增加了10余倍，产量增加了20余倍，唯鲜食葡萄出口量并未增加（表1）。

表1　中国葡萄生产概况（1950～2001）

年份	葡萄面积（万公顷）	葡萄产量（万吨）	葡萄酒产量（万吨）
1950	0.32	3.8	0.43
1978	3.0	17.5	6.4
2000	28.3	328.17	20.19
2001	33.4	367.96	25.05

当前葡萄生产中存在的问题，一是葡萄质量；二是食品安全；三是贮运保鲜（包括包装、贮藏、运输保鲜和走向市场后的货架保鲜）。在这3项中，关键是直接涉及市场的贮运保鲜产业滞后。长期以来，鲜食葡萄贮运保鲜业技术和设施无保障，鲜食葡萄的销售基本上是季产季销，地产地销方式。因此，一些葡萄集中产区采收价格低，甚至出现卖果难的问题。那些不适合栽培葡萄的南方地区、东北、内蒙古寒冷地区以及产区的非产果季节，又出现了吃葡萄难的问题。葡萄贮运保鲜业滞后对我国葡萄生产的不利影响有以下几方面：

①在我国北方干旱、半干旱区和半湿润区的鲜食葡萄集中产区，所产葡萄运不出、贮不进、销不掉、售价较低，导致葡萄栽培业发展迟缓，甚至出现砍葡萄树的现象。

②为满足当地市场对鲜食葡萄的需求，在不适合发展鲜食葡萄的我国南方高温多雨区、东北寒冷地区，葡萄业却有长足发

展，其结果是增加了生产成本（包括喷药防病，埋土防寒和保护地栽培等费用），因而不利于葡萄的区域化和商品化基地建设。

③一些大中城市扩大进口美国等地的鲜食葡萄。

20 世纪 80 年代以来，由于果品贮运保鲜业的科技进步和水果市场国际化，有不少发展中国家增加了鲜果出口量，争取到大量外汇收入。在过去 10 多年间，全世界一度认为是不耐运输的“短脚水果”鲜食葡萄，其进出口量却猛增。相比之下，我国葡萄生产应加快发展步伐。中国气候资源丰富多样，农业人口众多，劳力比较廉价，而鲜食葡萄业又属劳力密集型行业，发展潜势巨大。我国发展葡萄生产的瓶颈是产后贮运加工业（包括采后处理、包装、贮运、保鲜与加工）。因此，发展葡萄的产后产业是推动我国葡萄业发展的关键所在。

（三）以贮运保鲜技术和设施拉动我国鲜食葡萄产业发展

农产品产后增值潜力巨大。从世界发达国家农产品产值构成来看，农产品产值的 70% 以上是通过产后的贮运、保鲜、加工等环节来实现的。因此，农产品产后产业与农业同样重要，是再生农业的主体。发展葡萄贮运保鲜业，可延长销售时间，推动葡萄价格走出低谷和实现产后增值。不仅能使葡萄采收时的自然产值有所提高和稳定，而且还带动了优质栽培技术及节能型冷库设施的推广。各地果农在贮藏保鲜过程中总结的经验是，要想贮好巨峰葡萄，就得应用现代化冷藏设施，不但贮藏的葡萄质量好，贮藏损耗也少，而且盈利高。

以辽宁省北宁市为例，1986 年北宁市园角寺村是全国庭院葡萄种植的示范村，全村庭院葡萄产量达 500 吨。在该村的带动下，全市葡萄栽培面积扩大为 200 公顷。当时，一些葡萄栽培大户利用庭院挖土窖贮藏龙眼葡萄，获得了较好的效益，这也对推动葡萄生产发展起到一定的作用。

传统贮藏的工艺特点是：

（1）*在贮藏设施上都是利用自然冷源*　如辽宁、河北的地下式自然通风窖，山西、陕西的土窑洞贮藏等。但多数果农不了解窖内气体流通原理，造成早期窖温下降缓慢；虽有用冰降温的，多数情况则是入贮时窖温偏高，成为限制贮藏期和贮藏果质量的重要因素。

（2）*以葡萄果干梗贮藏为主*　如新疆的阴房挂藏，张家口的筐藏等都是在较干燥的低湿度条件下贮藏葡萄。在不使用防腐剂的情况下，低温、干燥是抑制霉菌的最佳方法，所以贮藏的葡萄多数为梗干、皮皱，商品性较差。果农在保湿方面也想出一些"绝招"，如采收葡萄时带一段枝条，将葡萄穗梗插入潮湿的墙壁、插入萝卜、马铃薯中，但这些方法只能适用于小量贮藏。

（3）*贮藏品种多为原产我国的欧洲种东方品种群*　如龙眼、黑鸡心、牛奶、和田红葡萄、喀什喀尔、本纳格、兰州大圆葡萄等，这些品种群起源于气候干燥的中亚、西亚地区，所以在贮藏期间也要求较低的空气湿度。若用传统方法贮藏其他种群的品种，常常导致贮藏的失败。如，辽宁北宁市、锦西市曾用自然通风窖贮藏龙眼葡萄的方法获得成功，贮藏巨峰品种则多数未能成功。

（4）*贮藏规模小*　事实上，简易贮藏并不"简易"，它需要繁杂的调温、调湿措施，对管理者自身"经验"的要求更高，所以不适合规模经营，也不易大规模推广。

在20世纪90年代初，由于鲜食葡萄市场空间比较大，也由于自然通风窖贮藏葡萄技术的推广，特别是多次熏硫方法在地窖贮藏中的应用，推动了葡萄生产的发展。截至1992年，辽宁北宁市的葡萄面积超过2 000公顷，较1986年增加了10余倍。但是，鲜食葡萄产量大增和传统贮藏工艺限制了贮藏规模，并未从根本上解决葡萄生产中的关键问题，北宁市鲜食葡萄集中产区终于普遍出现了“卖果难”。1992 年秋，北宁市的巨峰葡萄采收时的田间价格仅为 0.6 ~ 0.8 元/千克，龙眼葡萄为 0.3 ~ 0.5 元/千克。期间，我国北方主要葡萄产区开始用冷库和保鲜剂等现代技术和设施贮藏葡萄。当时大多数是使用原有城镇的商用果品贮藏冷库。这种冷库的库容一般在1 000吨以上，是我国计划经济时代市、县果品公司为解决城市居民冬季果品、蔬菜供应而建立的。就全国而言，当时的总库容量不足 600 万吨，即使全部用于果蔬贮藏，也不能满足果蔬总产量的 2%。当时北宁市，县、镇级冷库总库容不足 300 吨。要想建设一个千吨级冷库，则至少要投入上百万元，这对于土地承包到户的农民来说困难太大。随着中国农村经济体制发生变化，现阶段在中国农村，应当建设什么样的贮藏设施，成了农产品贮藏保鲜产业发展中亟待解决的问题。

1995 年，国家农产品保鲜工程技术研究中心（原天津市农产品保鲜研究中心）为适应当时农村经济体制和农户经济承受能力，在辽宁北宁市建起了一批可自行设计安装的微型节能冷库，并用于葡萄贮藏。其库容为 10 ~ 50 吨。一个 20 吨库容的冷库，投入仅 4 万元，即每贮 1 千克葡萄，平均冷库建筑设备投入仅 1 元钱，农户有一定的承受能力。早期建库的一些葡萄专业户，多数实现了当年建库贮藏葡萄，当年就回收全部建库成本，并有盈余。北宁市微型冷库建设，不仅实现了葡萄贮后增值，也使采收时的葡萄售价上升。微型冷库的建设，推动了北宁市葡萄产业在 20 世纪 90 年代的后期出现了第二次发展高潮，并发挥了重要作用。栽培面积从 1997 年的2 000公顷发展到 2000 年的8 000公顷。示范作用带动了微型冷库建设高潮，首先遍及辽宁全省，并逐步传到全国 28 个省、市、自治区。截至 2002 年，辽宁省兴建微型冷库近6 000座，使葡萄年贮量达 20 万吨。在辽宁省几个主要产区，贮藏葡萄占鲜食葡萄生产量的 1/4 ~ 1/3，大大地缓解了葡萄采收季节卖果难的问题。20 世纪 90 年代中后期的冷库建设高潮，有力地推动了葡萄产业再上新台阶。辽宁省葡萄栽培面积由 1997 年的 3. 3 万公顷、产量 30 万吨，发展到 2002 年的 6. 8 万公顷、78 万吨。贮藏保鲜对葡萄产业发展起到了重要的作用，而且还有力地支撑了辽宁果树产业结构调整。近些年，伴随着苹果品种的更新换代，陕西、山东省的地域优势更加突出，辽宁省果农生产和收入受到影响，正是葡萄保鲜拉动了葡萄产业大发展，缓解了辽宁苹果下滑可能造成的农民收入下降，推动辽宁果树结构调整进入良性轨道。

天津市位于九河下游，东临滨海，有大片盐碱地。过去，农业以生产水稻和水产养殖为主。受淡水资源短缺的影响，这里的果业生产以耐盐碱耐旱的玫瑰香葡萄和冬枣种植为主。葡萄产业以汉沽区发展最快，1997 年葡萄面积近 900 公顷，2002 年面积达2 700公顷，经济收入占全区种植业收入的 91%；与此同时水稻种植面积由 1997 年的2 100公顷减至 2002 年的 410 余公顷。汉沽区种植业总产值由 1997 年的 1. 27 亿元增加到 2002 年的 1. 92 亿元，节省农业灌溉淡水用量达1 056万吨。在连续 6 年干旱的情况下，是葡萄与葡萄保鲜业支撑了汉沽区的种植业经济，使该区种植业的结构得到调整，并成为环渤海盐碱地农业结构调整的典范。

关于鲜食葡萄产业，应看到市场需求决定品种结构调整；市场对品质的要求决定了满足质量标准的栽培技术；以及鲜食葡萄的产后产业，包括标准化的包装、贮藏运输和货架保鲜。上述情况表明，正是市场拉动产后保鲜业，产后保鲜业又直接推动我国鲜食葡萄产业的大发展。

从总体上看，我国葡萄贮藏保鲜业刚刚起步，真正以保鲜贮运推动鲜食葡萄业发展的只有少数省和区，多数地区现有产地贮藏设施不足，品种结构单一，包装档次较低。果品优质栽培技术、安全生产技术及保鲜技术普及率都差则是葡萄贮藏保鲜产业发展的重要影响因素。因此，产前、产中、产后产供销一条龙服务体系有待建立与发展。随着改革开放的深化，这些方面都会逐步得到发展，我国葡萄贮藏保鲜业必将有长足发展。

（四）建冷库，农民走上致富路

1995年，辽宁省北宁市常兴店镇果农郭景厦，率先建起了第一座20吨容量的微型冷库。由于这种冷库温度调控好，又有科技人员帮助指导，自家的葡萄自家贮，自然质量上乘，管理精细，贮存的巨峰葡萄到春节前后仍然新鲜如初，每公斤售价高达6~12元，当年建库当年回本，还盈利几万元。他所在的荒地村有81户人家，到1998年，共修建了94座微型冷库，户均贮量达5.6万千克，人均收入从1995年的3 400多元增加到1998年的1万余元。农民高兴地说：自家建起小冷库，等于夏天产一茬葡萄，冬天又出一茬葡萄。

营口市正红旗村有738个农户，修建了以微型冷库为主的360座冷库，户均葡萄贮量3万千克。种植葡萄面积增至226公顷，占全村耕地的74%，成为真正的葡萄生产、葡萄贮藏专业村，被辽宁省评为小康村。河北省昌黎县十里铺乡耿学刚是当地有名的葡萄种植大户。1996年，他与妻子赴天津参加了2期葡萄贮藏保鲜技术培训班，决心建一个小冷库。他的这一举措受到家里长辈的反对，个别老技术员认为自古昌黎玫瑰香葡萄都是干梗贮藏，也劝他不要冒险。但他决心已定，按照所学保鲜技术建冷库、搞贮藏，认真操作，到春节前后他的库里的玫瑰香葡萄仍然梗绿、粒圆、香气扑鼻，葡萄在节前成了当地人送礼佳品，售价天天涨。大家都说："科技才是真正的财神"。此后，他每年请科技人员指导，在昌黎建立了第一座微型冷库，第一座农户小酒堡，最先引进红地球葡萄品种，率先带领农民建立葡萄协会，自费赴法国、西班牙考察葡萄。他帮农民种好品种，种好葡萄，贮好葡萄，卖好葡萄，带领农民走上了致富路，受到称赞。

进入21世纪，鲜食葡萄面向国内外大市场，已成为产业发展热点。先富起来的农民与周围的种植户、贮藏户联合起来，进入社会主义的大市场，或与果品经销商建立起“公司 + 农户”联合体，把优质产品推向市场。现在，不少葡萄贮藏大户成了葡萄销售中介人或自己组建运销公司，有一批农民靠销售葡萄和参与鲜食葡萄低温物流体系，走上了新的致富路。

（五）葡萄保鲜产业发展趋势预测

中国已经成为世界贸易组织的一员。鲜食葡萄是中国农产品进入世界市场最具比较优势的园艺产品之一。鲜食葡萄从产前种植到采收、包装、贮运到进入市场，比苹果、梨、柑橘等果品需要较多的手工劳动，有较大的出口优势。中国鲜食葡萄进入国内外大市场，必须跨越三个台阶，即葡萄质量、食品安全和贮运保鲜。

1. 有发展前景的耐贮运葡萄大粒鲜食品种

在中国北方鲜食葡萄适宜种植区，外观艳丽、果粒硕大、果肉脆硬的耐贮运品种将得到进一步发展，如意大利、红地球、圣诞玫瑰、秋黑、瑞比尔等。此外，无核大粒品种，如森田尼无核、优无核、红宝石无核等；一些果形特异、品质佳良的品种，如美人指、女人指、维多利亚、矢富罗莎；一些香气浓郁的品种，如玫瑰香、巨玫瑰等，将在一些适宜地区得到适量发展，但这些品种中有相当一部分不耐贮运，需要有更加精细的包装和贮运技术，否则大规模发展将受到一定的限制。

2. 保鲜葡萄栽培区域化

葡萄栽培区域化是葡萄气候区划、品种区划与当地社会条件的有机结合。在果品总量逐渐增加的情况下，只有品质更佳的果品才有竞争力。这不仅需要良种、良法的支撑，还要选择最佳栽植区。从美国引进的红地球品种以其质量优势，现已遍布全国各地。但从长远看，同样要有控产、优质的种植技术，要有市场竞争力，还是在我国北方生长期较长的西部地区和东部少雨区更适宜。保鲜葡萄贮藏还有最佳贮藏地区的问题。以巨峰品种为例，我国年均温8℃等温线一带，如辽宁中南部、河北北部、晋中、陕中北部，是巨峰葡萄最佳贮藏区。该地区，巨峰品种可以充分成熟，获得好的果实品质，而且成熟季节（9月份）降雨普遍较少，采收时已接近早霜期，入贮时果实的田间品温低，这些条件均有利于延长保鲜贮藏期。

3. 推广标准化栽培技术

长期以来，鲜食葡萄产业发展提倡“丰产优质”、“高产优质”、“高产高效”，实际上有“重产轻质”的意思，导致我国葡萄质量偏低，达不到国际上同类品种的规定或不够市场销售标准，成为我国鲜食葡萄走向国际市场的重要障碍。依据国际市场流通的标准制定栽培技术，即为标准化栽培技术非常重要。该技术标准的制定与普及，将推动我国鲜食葡萄大批量走向国际市场。作为世界鲜食葡萄生产第一大国，成为世界鲜食葡萄主要出口国的机会就在面前。

4. “绿色葡萄”、“有机葡萄”将受市场青睐

我国出口果蔬产品，常因农药残留超标遭受巨大损失，例子不胜枚举。生产绿色食品，将受市场青睐。2002年，辽宁省北方绿色食品集团生产的“文选牌”有机葡萄，实施控产、果穗整形、果实套袋，不使用化肥、激素、有机农药，必要时只使用少量矿物源农药和施用酵素菌肥、有机肥，并隔离水污染。其生产的巨峰葡萄每穗（400克左右）销售价3元，而同年普通优质巨峰在辽宁每千克售价2元。

葡萄在贮运过程中，使用防腐保鲜剂和塑料气调膜，使保鲜葡萄外观更受消费者欢迎。但需选择使用绿色保鲜材料减少贮运中的二次污染。

5. 单层包装箱和单穗包装是发展趋势

葡萄属浆果，在贮运过程中极易碰伤、压伤或脱粒。日本以巨峰为主栽品种，进入市场的葡萄都采取单层包装箱和单穗用纸包装，不但减少贮运中的损伤，还提高商品档次。近年，辽宁、河北的多数葡萄贮户，采用双层包装的板条箱贮藏葡萄，比较适合当前果穗大小不一、松紧不一、果品生产尚未实行标准化生产的实际情况。但消费者对果品质量要求越来越高，这种板条包装箱外观不好，包装档次太低。这种方法包装的葡萄其售价已明显低于同等质量的葡萄而包装档次高的葡萄售价。可见，优质果单果穗包装和单层果穗摆放的美观的包装箱受消费者欢迎。

6. 微型冷库今后仍是葡萄贮藏的主体冷藏设施，配套预冷库等受关注

微型冷库不仅适合我国农村现有经济体制和农民经济水平，还因葡萄自身在采收、入贮过程中易出现肉眼不易发现的损伤，尤需精细操作，并需加入防腐保鲜剂仍将成为鲜食葡萄的主体冷藏设施。若冷库规模太大，常因组织管理不善，入贮果品损伤增多而导致贮藏失败。用较大库容的冷库贮藏葡萄时，通常库主要将冷库划分成数个贮藏垛，分别租赁给无力建造冷库的葡萄种植户。

在贮藏过程中，气体成分对葡萄品种所起作用是明显的。葡萄贮藏中，温度、湿度、微生物 3 项条件更显重要。在葡萄贮藏中气调冷库必须有二氧化硫气体定期通入装置和清洗装置。冷库要求要高气密性建筑质量、有高投入的设备来支撑，也需要高度商业化的流通体系和贮后货品预计高价位做支撑。但今后相当长时期内众多气调冷藏库尚不能成为鲜食葡萄贮藏的主体设施。

快速预冷是葡萄贮藏中至关重要的环节。它使刚采收下的葡萄在很短时间内果品温度降至预定温度（0 ~ −1℃）。一般农户在建造微型冷库后，常希望以最小的制冷设备，贮藏最大量的果品，或在固定的库容情况下超量入贮果品。所以，葡萄入贮后，葡萄品温（注意：不是指冷库库房的空气温度，而是箱内葡萄货品的温度）通常在1周内降不到0℃，有相当一部分冷库入贮葡萄，在长达半个月左右的时间还降不到0℃。用隔热、隔冷性能极强的聚苯板泡沫箱装葡萄做长期贮藏时，箱内葡萄温度下降更为缓慢。这些都是导致贮藏前期（入贮后1～2个月）出现箱内温度高、湿度大、霉菌快速滋生、果梗变褐、变黑、干梗，果粒裂果、腐烂等严重情况，还会出现箱内湿度过大和严重结露，造成保鲜药剂中二氧化硫快速释放，出现果实大量漂白。有经验的葡萄贮户在长期贮藏中认识了快速预冷在贮藏中的重要性。近两年，在红地球等不耐二氧化硫的品种上，已出现修建预冷库的趋势，况且，修建预冷库对改良葡萄运输保鲜条件，促进采收期葡萄的快速降温进入市场和延长货架期也是至关重要的。

7. 参与国内外市场大流通是鲜食葡萄产业发展的关键

如果说20世纪80年代、90年代是“谁种葡萄，谁贮葡萄，谁赚钱”的话，那么进入21世纪，在葡萄种植与贮藏集中地区，“卖果难”问题已显端倪。在抓好鲜食葡萄质量、安全与贮藏的同时，抓好市场大流通已成鲜食葡萄产业发展的关键。鲜食葡萄进入国际市场，参与国际市场大循环，将是中国鲜食葡萄产业再上新台阶的重要条件。鲜食葡萄产业发展不但需要适地、良种、良法和安全生产的支撑；还需要产地贮藏设施有较快发展，在产地、销地建设一批微型冷库为主体的批发市场；并需要各类冷藏运输设施有较快发展，促进鲜食葡萄货品成批量进入国际市场，有相应的流通体系做支撑。

二、我国葡萄产区及市场

按鲜食葡萄生产及贮运保鲜产业特点，我国葡萄产区可划分为3大区，即葡萄产量、鲜贮量最大的环渤海湾产区，最具发展潜力的西部产区和中南部产区。环渤海湾产区包括辽宁省、河北省、山东省及京津地区，该产区产量占我国葡萄总产量近一半，占全国鲜贮量的70%。辽宁省是我国最大的巨峰葡萄贮藏产区；河北省是我国最大的龙眼葡萄贮藏产区；天津是我国最大的玫瑰香葡萄贮藏产区。西部产区的新疆葡萄产量大，是我国31个省市（自治区）中最大的葡萄产区。新疆地域辽阔，夏季降雨很少，葡萄产区靠雪水灌溉，多数地区几乎不必防病打药，是我国生产优质葡萄和“绿色”葡萄的最佳产区，如能进一步解决交通和贮运保鲜设施等问题，这里将成中国的葡萄第一生产基地。近年，甘肃、宁夏、内蒙古、青海葡萄产业已有长足发展，但一些地区纬度、海拔偏高，热量不足，还有其他自然灾害，是限制葡萄业发展的重要因素。地处黄土高原的陕西、山西2省，葡萄业受苹果大发展的冲击较大，但近几年陕西渭北高原和晋南地区，鲜食葡萄生产发展较快。由于这里生长期长，生长季降雨不多，晚熟品种的葡萄品质表现很好有利鲜食葡萄的发展，但因秋雨滞后对葡萄贮藏有不良影响。

在云、贵、川西部山区，则有夏季温凉，冬季葡萄不用埋土的气候条件，且降雨只有300~700毫米，为干旱、半湿润区。这里生长的葡萄色泽艳丽、品质佳良，唯交通不畅，相当一部分地区土地资源紧缺，是限制葡萄大发展的因素。

我国长江以南葡萄产区为特殊栽培区。黄河故道地区也是我国重要的葡萄产区，包括河南省及苏北、皖北、鲁西南的部分地区。这两个产区高温多雨，病虫害较重，成了葡萄生产中最大限制因素。虽然因环渤海湾区和西部地区葡萄适宜栽培区的贮运保鲜业滞后，有利于我国南部地区葡萄生产发展。但南方的葡萄发展仍以解决当地市场需求为主，贮藏保鲜量十分有限。考虑到南方地区生长期长、热量资源丰富，在栽培上可采用一年二收、一年三收技术，有条件利用相对干旱的秋冬季生产二收果、三收果，这对调节市场有很大好处，仍有发展潜势。此外，东北中北部包括吉林、黑龙江省大部分地区，可采用保护地栽培生产葡萄，对调节当地鲜果市场有重要作用。从地域优势分析，黄河故道产区生产的葡萄具有面向南北市场的作用；而南方可出口东南亚市场，东北地区则可出口俄罗斯市场，都有一定的市场发展空间。

（一）国内葡萄产量及鲜贮量最大的环渤海湾产区

环渤海湾地区是我国著名的葡萄产区，包括河北省张家口的怀来、涿鹿，唐山、秦皇岛；山东省的烟台、青岛；辽宁省的大连、北宁及京津产区。

环渤海湾产区是国内最大的葡萄产区，栽培面积占全国葡萄总面积的37.2%和占总产量的40%（1997）。辽宁省、河北省、山东省三省的葡萄栽培面积和产量位居新疆之后，分别为第二、第三、第四葡萄栽培大省。在环渤海湾地区，巨峰是最广泛栽培的鲜食品种，占本区鲜食葡萄总面积的60%～70%。其他主栽鲜食品种还有玫瑰香、龙眼、牛奶。红地球葡萄在1987年最先从国外引进到辽宁省，1992年张家口涿鹿县开始较大面积的种植。近年，在山东省及河北省中部地区有较大面积发展。美国无核大粒或中粒型品种，最早引进的也是辽宁省（1987），但发展较快的地区是山东胶东。此外，还有森田尼无核、火焰无核、红宝石无核，以及近年引进的优无核、奇妙无核、皇家秋天、克瑞斯无核等品种受到广泛欢迎。

改革开放以来，我国新引进的鲜食新品种，包括巨峰及巨峰群品种、美国加里福尼亚州晚熟大粒品种红地球、秋黑、瑞比尔、美国黑大粒、圣诞玫瑰和一系列大粒、中粒型无核品种等都是从环渤海湾各省市引进和开发起来的。

环渤海湾产区也是我国规模最大的葡萄贮藏保鲜基地，使用冷库的葡萄总贮量约占全国总量的70%左右，贮量由大到小依次是辽宁、河北、山东、天津、北京。

1. 辽宁葡萄产区

辽宁省的葡萄老产区是辽西北宁市，辽南的盖县、大连，主栽品种是龙眼、玫瑰香。本产区大于10℃活动积温有3 200～3 700℃，年降水量约500～700毫米。由于巨峰品种有抗寒、抗病特性，因此，在辽宁得以快速发展，到1998年，辽宁葡萄栽培面积达31 470公顷，巨峰品种约占90%，其他品种有康太、京亚、夕阳红、紫珍香、里查马特、森田尼无核等。据辽宁省农业厅统计，2002年辽宁省葡萄面积已达68 000公顷，产量为78万吨。

据1998年的统计数字，辽宁省最大的鲜食葡萄产区是在辽西锦州、葫芦岛和朝阳地区，总面积约12 000公顷，其中锦州北宁市葡萄栽培面积就已愈7 000公顷。北宁市鲜食葡萄的发展得益于贮藏保鲜业的同步发展，早在20世纪80年代中期，这里就开始推广自然通风窖，1995年率先建立了10处微型冷库，随后又建起了由500座微型冷库组成的一条街。目前，该市已有微型冷库近2 000座，加上其他中小型冷库，使巨峰葡萄冬贮量达1亿千克，约占总产量的50%。

北宁市葡萄贮藏业对推动辽南、辽北产区的生产发挥了重要作用，现营口、大连瓦房店，葡萄栽培面积达5 000余公顷，葡萄鲜贮量达7 000万千克，辽北沈阳、铁岭地区，栽培面积近

8 000公顷，鲜贮量达200万千克。

辽宁省曾是著名的苹果、梨产区，但在品种更新换代过程中，其区域优势滞后于陕西、山东、河北省。在树种选择上，鲜食葡萄地位却得以上升，发挥鲜贮葡萄自然区域优势，推广抗寒砧及耐寒葡萄品种，将使辽宁省逐步成为全国最大的巨峰葡萄产区和巨峰鲜贮基地，总贮量达20余万吨，占全国鲜食葡萄总贮量的60%以上。

在发展早期，辽宁省鲜食葡萄除供应本省外，主要流向吉林、黑龙江、内蒙古等气候寒冷的省区。此后冬贮葡萄产业快速发展，使辽宁省巨峰鲜食葡萄销往全国，并进入俄罗斯市场。辽南的葡萄通过大连口岸销往山东、江苏、上海、浙江和福建等地，辽西葡萄则向南销往京、津、河北、河南、华中、华南和西南市场；辽北葡萄主要销往吉林、黑龙江市场。

2. 河北葡萄产区

河北省传统葡萄产区在张家口和秦唐地区。在1990年，张家口地区葡萄栽培面积达7 170公顷，占河北省葡萄总面积的一半，达14 910公顷，其主栽品种是龙眼，其次是牛奶品种。龙眼葡萄的主产区在桑洋盆地的涿鹿县和怀来县。由于龙眼品种极晚熟、耐贮运，果农采用传统筐藏贮藏工艺已有数百年历史。20世纪80年代初，这里兴起了自然通风窖和采用多次熏硫法贮藏龙眼，最高贮量可达1 000万千克以上。由于采收期已近霜期（10月中旬），不需任何保鲜措施也可用普通汽车发往全国各地，重点是东北、内蒙古、华北一带。

改革开放以来，河北省葡萄发展除原有的张家口怀来、涿鹿和昌黎老产区进一步发展，又涌现出一批新产区。截止1998年，河北省葡萄栽培面积已达31 540公顷。但是，张家口地区的栽培面积却由1990年占河北省的50%降为24%；唐山地区则从1990年的1 150公顷增加到1998年的6 150公顷，已占河北省葡萄面积的19.4%，成为河北省第二葡萄产区，主产地是乐亭、遵化、丰润等县；其次是秦皇岛地区有5 180公顷，主产地是昌黎县；还有廊坊地区的3 640公顷，主产地是永清县；过去葡萄种植面积不大的沧州地区、石家庄地区以及邯郸、承德、邢台、保定地区葡萄生产也有了较快发展，栽培面积超过7 000公顷。本产区大于10℃活动积温大多超过4 000℃，只是华北平原中部的保定、石家庄地区降水稍少，约500毫米，其他地区大多为600～700毫米，比较适合发展欧洲种中的极晚熟品种或欧美杂种品种。

据1999年统计，河北省鲜食葡萄的主栽品种为巨峰、玫瑰香，而龙眼已从20世纪80年代的第一位降为第三位（表2）。龙眼品种主要在张家口产区种植，其次在唐山和秦皇岛山区县有零星栽植。在20世纪90年代以后，玫瑰香品种大发展，其以内在品质好、浓郁的玫瑰香气，吸引了众多追求风味品质的消费者青睐，主产区是唐山、秦皇岛一带。巨峰品种则是新发展区的主栽品种。红地球等大粒晚熟鲜食耐贮品种最早在涿鹿县发展，此后发展较快的却是秦皇岛、石家庄、保定地区。因为这些地区有较长的生育期和不多的降雨，为红地球品种的果实、枝条生长提供更优越的条件。据2002年统计，河北省主要葡萄贮藏产地在秦皇岛市，约800万千克，其中红地球品种贮量约100万千克；其次是石家庄市贮量约700万千克，其中红地球贮量约250万千克；唐山市以巨峰为主，贮量约200万千克；张家口地区仍以龙眼品种为主，其次是红地球、牛奶品种，总贮量约1 000万千克。

表2　河北省主要鲜食品种的栽培面积（1998年）

品种	栽培面积（公顷）	所占比例（%）
巨峰	11 667	35
玫瑰香	8 333	25
龙眼	6 667	20
其他品种	6 667	20

河北省特色品种龙眼，尽管近年发展缓慢，但仍有较强的市

场优势。因为龙眼品种特别耐贮藏，即便在自然通风窖加防腐保鲜剂也可贮存春节以后，贮藏后其外观十分诱人，贮至春节后售价高于巨峰，很受黑龙江等市场的欢迎。至于红地球品种，发展较快、贮藏技术也已过关，冬贮后的主要面向南方市场，甚至销往我国港、澳及东南亚市场。河北省的鲜食葡萄在京、津市场也占有重要地位。

3. 山东及津京葡萄产区

山东省葡萄主产区在胶东半岛，烟台、蓬莱、威海、平度、青岛均为我国著名的葡萄产地。该地区海陆交通发达，适于发展晚熟、极晚熟欧洲系优良鲜食品种，并可根据市场情况，建立适度规模的对外出口基地。

山东平度市大泽山是我国古老鲜食葡萄产区之一。早期栽培的品种是玫瑰香和龙眼。20 世纪 80 年代中期，开始发展巨峰、泽香、泽玉品种。巨峰很快成为山东省的第一主栽品种，较强的抗病性使其由胶东半岛扩延到山东全省。在鲁西南高温和雨水偏多地区巨峰品种由种植与栽培者根据市场需求开发出 1 年 2 收技术。金乡、曲阜一带的果农是采取压低一收果（主梢果），诱导二收果（冬芽或夏芽 1 ~ 2 次梢结果），获得了较好的经济效益。一收果产量每亩约 800 千克，在 8 月上中旬成熟，二收果每亩产量1 000 ~ 1 500千克，在 11 月份成熟，错开了河北、辽宁的巨峰葡萄成熟上市期，形成了独特的市场优势。由于鲁西南二收果在生长后期，秋季基本上少雨、光照充足、日较差大，果实色泽艳丽，用于贮藏，其效果较一收果明显提高。现在以巨峰二收果为主的葡萄贮藏业正在鲁西南兴起。

山东推广红地球、秋黑等极晚熟大粒耐贮运品种，给全省鲜食葡萄产业带来新的机遇。看到山东省海运优势和气候优势，新加坡、中国香港的一些果商计划在胶东半岛建立3 000公顷以上的红地球及大粒无核品种葡萄园，现已栽植数百公顷。这对以销售拉动贮运保鲜业和标准化栽培，将起到重要的推动作用。目前，胶东地区的葡萄鲜贮业已有较大发展，总贮量近1 000万千克。鲁西南地区的巨峰二次果贮藏已获成功，预计今后有较大发展。济南的平阴、淄博的沂源、枣庄地区兴起红地球品种贮藏热，2002 年总贮量约 100 万千克。在鲁西南，短期冬贮的瑞比尔品种，可通过口岸远运到南非。届时，南非正是春末夏初季节，当地产的葡萄尚未进入成熟期，恰好利用了南北半球冬夏的时间差，因而有巨大的市场潜势。

天津、北京地区生长期热量充足，降水量600 毫米以上集中在6 月下旬至8 月中旬，到8 月下旬至10 月中旬降水较少，秋高气爽，适宜发展晚熟、极晚熟品种。

津京地区鲜食葡萄产业的兴起在20 世纪的60 年代前后。北京西郊大面积兴建玫瑰香葡萄园，以双臂篱架自然扇形的规范管理带动了周边产区葡萄的发展。此后玫瑰香品种和相关栽培技术传到天津滨海盐碱地，栽培者结合盐碱地的土壤特征，形成了“深沟排碱、憋冬芽夏剪法、规则扇形”独特的管理模式。在20 世纪80 年代中期，北京地区的玫瑰香葡萄受到了巨峰品种的冲击。此后，北京延庆、通县、顺义、大兴开始大力发展晚熟耐贮品种和大粒无核品种，面积扩展较快，截至2001 年，葡萄面积已达4 000公顷。目前以红地球品种为主的贮藏产业，在北京顺义、延庆、通州各区县刚刚开始，总贮量不到100 万千克，基本上是供应北京市场，向外省市流通量较少。天津葡萄生产发展更加迅速。由于玫瑰香品种有较强的耐盐能力在滨海盐碱地上生产的葡萄有特异的品质，使汉沽区的玫瑰香成了远近闻名的地方名优产品。目前，天津市葡萄总面积近6 000公顷。鲜食葡萄贮藏业主要集中在汉沽区，总贮量1 000万千克以上。天津在万公顷滨海葡萄带的推动下，形成以欧洲种为主的葡萄产业，生机盎然，截至2002 年，汉沽、宁河玫瑰香葡萄面积已达4 000多公顷。汉沽区和宁河县的玫瑰香葡萄除供应天津市场外，也有部分供应北京及东北市场。近年，由于积极扩大市场，现玫瑰香葡萄已进入南方市场和出口俄罗斯。

（二）最具发展潜势的西北、西南葡萄产区

这里是我国最古老的葡萄产区，新疆历来是我国最大的鲜食葡萄产区和葡萄干产区。在古代，商人经丝绸之路和黄河水路，将西亚和新疆的葡萄好品种传至甘肃、陕西、宁夏和内蒙古。甘肃敦煌是丝绸之路必经之地，那里夏季雨水稀少、炎热，很适合葡萄生长，盛产新疆无核白、马奶著名品种，兰州大圆葡萄、宁夏大青葡萄、内蒙古托县葡萄也都是全国著名的地方品种。西北葡萄产区以这些品种为核心，建立了多个各具栽培特色的鲜食葡萄产区。

1. 新疆葡萄产区

新疆有欧亚种原产地类似的夏季干燥气候条件。南北疆纬度及海拔高度差异大，各欧亚种品种群在新疆都可以找到适宜生态区。在古代，新疆与西亚有方便的陆路交通，促进了葡萄栽培业的发展其历史可追朔到2 000多年前。新疆气候晴朗，热量资源丰富、干旱少雨，葡萄栽培面积和产量一直位居全国首位。

据统计，1996年全区葡萄栽培面积为2.9万公顷，总产量达50.3万吨，分别占全国的19%和27%；到2002年，新疆葡萄面积近8万公顷，主产区是吐鲁番和南疆塔里木盆地的和田、阿克苏、喀什、阿图什地区。新疆的伊犁、昌吉地区，近年鲜食葡萄发展迅速，伊犁地区红地球栽培面积已愈4 000公顷。

吐鲁番地区闻名全国，也是新疆最大的葡萄产区，栽培面积占全区面积的43%。以往，专用鲜食葡萄品种在吐鲁番地区的栽植较少，以致用于制干的无核白、马奶也成了鲜食葡萄主栽品种。近10余年引进开发的品种有红葡萄、木纳格、喀什喀尔、秋马奶以及里查马特、粉红太妃、红地球、秋黑、瑞比尔、凯然诺尔等，其中多数为大粒耐贮运的品种。近年，利用现代贮藏技

术，贮藏无核白葡萄获得成功，微型节能冷库建设正在吐鲁番产区兴起。

新疆第二大葡萄产区的和田地区，栽培面积占全区葡萄面积的23%。此外，与和田地区气候条件、品种、栽培方式相似的南疆产区，还有喀什、阿克苏、阿图什等葡萄产区。这些地区（含和田）葡萄栽培面积占全区50%以上。

和田葡萄产区主栽品种是和田红葡萄，种植面积有7 000公顷。当地利用冷凉的空房，挂藏和田红葡萄，成为独具特色的传统贮藏方法。该品种果粒着生紧揍，在室内吊挂时虽然空气干燥，仍可保持果梗缓慢失水，不必使用防腐保鲜剂，使其成为“干梗贮藏”法的适宜品种。

南疆的鲜食葡萄品种与吐鲁番地区的相似，尤以阿图什的木纳格品种驰名中外。该品种成熟期可延迟至11月上中旬，这有利于木纳格葡萄品种常温远途运输。现优质木纳格葡萄已远销西亚、我国港、澳和中国东部市场，该品种的栽培面积迅速在南疆扩展，仅阿图什地区栽培面积已达1 000余公顷。

南疆产区生长期长，夏季不象吐鲁番盆地那样酷热，成为我国生产晚熟、极晚熟耐贮运葡萄品种最佳产区之一，美国的红地球、秋黑、圣诞玫瑰及意大利品种等将逐步发展，并替代原有的不耐贮运的品种。

北疆产区包括石河子、奎屯、乌苏、精河、乌鲁木齐、昌吉和克拉玛依等沿天山以北一带地区和伊犁地区。现有品种为喀什喀尔、香葡萄以及玫瑰香、粉红太妃、卡拉斯、巨峰和里查马特等。近年，先从昌吉继而在伊犁等地大量引种美国红地球品种，栽植面积已达5 000公顷以上。此处紧靠边界，向独联体国家运销耐贮运鲜食葡萄贸易有广阔前景。再者，交通方便，火车、汽车冷藏运输业发展迅速，仅1998年用此方法运往内地的鲜食葡萄超过10万吨。我国南方客户及港澳、东南亚果商纷至沓来，需求量显著增加，对拉动新疆鲜食葡萄生产和保鲜运输业发挥了巨大的作用。随着交通条件的进一步改善，新疆的葡萄产业还将快速发展。

新疆葡萄鲜贮有悠久的历史。果农采取在阴凉的房屋挂藏，可使葡萄贮藏于翌春，这种“干梗贮藏”法在南疆广泛应用。近几年，鄯善、呼图壁、喀什等地果农兴建微型节能冷库，使用国家农产品保鲜工程技术研究中心研制的保鲜药剂，贮藏无核白、巨峰等品种获得成功。葡萄鲜贮业实现了从传统工艺向现代工艺的转化，微型冷库建设潮已在新疆掀起。受红地球葡萄贮藏从北疆伊犁、乌鲁木齐、昌吉等地兴起，产品受市场欢迎的影响，对南疆的木纳格、无核白葡萄贮藏也有很大的推动，截至2002 年，葡萄贮量已达 2 万余吨。

2. 甘肃、内蒙古、宁夏葡萄产区

甘肃省在汉代，已从新疆引进了欧洲种葡萄。但在漫长的历史进程中，甘肃的葡萄业并未形成较大规模的产业。快速的发展还是近 10 年的事，到 1997 年底，甘肃省葡萄栽培面积已达2 000公顷。

敦煌、安西、玉门、酒泉、肃南及河西西部产区，是甘肃省古老的较大面积葡萄产区，大多数葡萄园分布在海拔1 400米以下的沙漠绿洲上。在河西东部产区，包括张掖、武威等低海拔地区，近年则有里查马特、乍那、森田尼无核等一批欧洲种早、中熟品种，栽培面积在扩大。

甘肃省东部黄河沿岸的兰州市、白银市等地区，经济基础雄厚，交通发达，气候干燥温暖，年均气温在 8 ~ 10℃，降水180 ~500 毫米，除古老品种兰州大圆葡萄外，近年种植有巨峰、京超、里查马特、红地球等鲜食品种。葡萄鲜贮业主要集中在敦煌、兰州、武威等地，2002 年鲜贮总量不超过 100 万千克，发展前景看好。

内蒙古西部葡萄产区分布在乌海、包头市和呼和浩特市地区，年降水量 300 ~500 毫米，成熟季节雨水不多，大于 10℃的积温有3 000～3 500℃。现乌海市葡萄种植面积有1 000余公顷，其他两市也有近1 000公顷。这三市的种植面积约占全自治区总面积的50%以上。乌海地区的主栽品种有龙眼、马奶、无核白、无核紫等，近年引进了红地球、里查马特、瑞比尔等品种。包头市冬季温度低于乌海地区，主栽品种有巨峰，原有品种牛奶、龙眼的栽培面积约占30%左右；欧洲种、欧美杂种的中早熟品种有里查马特、京玉、京亚、牛奶等品种，正在逐步取代巨峰品种。呼和浩特地区以托县葡萄和巨峰为主栽品种，巨峰系中的中早熟品种如紫珍香、京亚、蜜汁等在该市有发展前景。在较高纬度的内蒙古西部葡萄产区其地理特点是有山脉为屏障，如乌海地区北有阴山、西有贺兰山，挡住西北方向的寒流，呼、包两产区背靠大青山，背风向阳，海拔较低，这是西蒙特定葡萄产的地理优势。内蒙古东部西辽河流域的赤峰、通辽地区，与内蒙古西部的温度、降水情况相近。在东部产区，葡萄栽培业受辽宁、吉林省影响较大，以巨峰为主栽品种，其次是里查马特、潘诺尼亚等品种。内蒙古葡萄贮藏史久远，早年就在包头、乌海有用自然通风窖的方法贮藏龙眼品种的，近年在通辽、包头、乌海建起一批以微型库为主的现代冷库，主要贮藏巨峰、龙眼等品种，总贮量近100万千克。

宁夏葡萄种植区主要分布在石咀山以南银川平原黄河灌溉区，年降雨量200毫米左右，葡萄成熟期雨水不多。有引黄灌溉，该区号称为塞外江南，有效积温达3 100～3 500℃，大部分地区的冬季最低气温极端值低于-25℃。该区主要灾害天气是晚霜冻和沙尘暴。

以往，宁夏的交通不便，晚霜频繁危害，几乎没有大片的葡萄园。改革开放以来，抗寒性较强、易形成花芽的巨峰、黑奥林品种及欧洲种品种潘诺尼亚、乍那、里查马特等品种的引入，以及一系列避晚霜冻技术措施的推广，为宁夏葡萄业的发展带来了新的生机。一批晚熟耐贮葡萄品种和无核品种：意大利、森田尼无核、红地球、瑞比尔、红宝石等，正由宁夏农业综合开发总公司在银南青铜峡背风向阳坡地建立规模化葡萄生产开发基地。20世纪80年代以来除在永宁等地推广的多次熏硫法自然通风窖方法贮藏龙眼葡萄外，近年，微型冷库已在宁夏兴建，以巨峰、红地球、龙眼为主要贮藏品种，总贮量达150万千克。

甘肃、内蒙古、宁夏具有气候优势，降水不多、光照充足，利用黄河水灌溉，成了优质鲜食葡萄适宜产区之一。从地理位置看，三省区北接蒙古、俄罗斯更寒冷的地区，消费者对鲜食葡萄的需求市场空间较大。目前对外出口业务已开始运转，受到各方面广泛的重视。该区发展鲜食葡萄产业要注意的是重视选择低海拔、热量充足的地方，并注意预防雹灾、风灾、沙尘暴、早晚霜冻及冬季低温的危害。

3. 黄土高原葡萄产区

黄土高原产区包括陕西省及山西省，大部分属暖温带和中温带半湿润气候，少数属半干旱地区。山西清徐、陕西榆林是国内闻名的葡萄传统产区。本区纬度跨度较大，有地势、地形的多样性，各栽培种、品种群的葡萄品种都可种植。

陕西省葡萄栽培以鲜食为主，主要分布在西安霸桥、咸阳、宝鸡、渭南等交通便利的城郊，主栽品种为巨峰，龙眼、玫瑰香等。近年，陕西省在调整树种结构过程中已侧重晚熟耐贮运鲜食品种的发展。因这里9月份雨水偏多，恰值晚熟品种的成熟期，应注意选择适宜海拔600～800米的旱塬上发展的极晚熟品种如秋红、秋黑和红地球等，并实施果实套袋和延迟采收，将有利于提高果实品质。2000年，咸阳乾县采收的套袋红地球葡萄，其质量、色泽、风味与进口葡萄相似，现已远销我国南方市场和东南亚市场，这也进一步激发了陕西发展红地球葡萄出口的积极性。陕西省已拟定发展1万公顷极晚熟耐贮运品种的规划。但须指出，9月份雨水偏多，不利长期贮藏，宜利用当地生长期长的优势，通过延迟采收，延长销售期，注意长途运输保鲜技术的引进与推广，并开展适宜短期贮藏运销。

山西的葡萄古老产区在清徐、阳高、大同，栽培的品种有龙眼、牛奶、黑鸡心等品种。新发展的地区有太原市郊、榆次、太谷、长治、运城、临汾、侯马等地，均以巨峰和巨峰群品种为主，此外还有欧洲种大粒品种乍那、里查马特、粉红太妃、依斯比沙、瑰宝等。由于龙眼等品种在晋中一带的成熟期接近早霜，果农在葡萄采收后一直有用传统吊挂或摊放在窑洞或地窖贮藏葡萄的习惯。近年，在太原等地已采用冷库及保鲜剂等现代贮藏技术，贮藏鲜食巨峰获得成功，并正以较快的推广速度在晋中一带应用此项新技术。

在临汾、运城、长治地区，近年掀起了发展极晚熟鲜食耐贮葡萄品种热。此地是山西省葡萄新区，大于 10℃ 有效积温达3 800℃，年降水为500～700 毫米。在发展欧洲种品种时，宜推广果实套袋技术，以耐贮运品种红地球为主，在临汾、运城、长治地区已发展晚熟鲜食葡萄4 000余公顷，这里也存在秋雨偏多问题，所以贮藏葡萄应严格按操作规程，控制贮期，兼顾运输保鲜与短期贮藏保鲜。

晋南临汾、运城地区虽然是葡萄生产新区，由于重视晚熟耐贮品种的引进和新技术推广，现已成为山西省最大鲜食葡萄生产区。近几年，该区积极发展鲜食葡萄贮运保鲜业，重视招商引资，努力把优质葡萄推向国内外市场，在河南、华中和华南地区其产品在市场上很受欢迎。

据估测 2002 年陕晋两省以红地球、巨峰为主的鲜贮量约300 万千克。

4. 西南云贵高原葡萄产区

四川西部马尔康以南，雅江、小金、茂县、理县、巴塘等西部高原河谷地带以及云南省昆明及以西的楚雄、大理及昆明南部的玉溪、曲靖和红河州等高原地区及贵州省西北部河谷一带属此葡萄产区。

本区气候有垂直分布特点，差异较大。个别地区雨水稍多，但属阵雨天气多，云雾少；少数地区年降水量仅300～400毫米，属半干旱区。云南省有我国南方的老葡萄产区，原有栽培品种有玫瑰香、水晶、玫瑰蜜、白香蕉等。在1980年前，这些品种多为零星种植，总面积不到100公顷。受巨峰品种市场受宠的影响，葡萄生产开始大发展，1999年总面积已达2 600公顷，以昆明和红河州最为集中，玉溪、曲靖也有种植。鲜食葡萄主要集中在弥勒坝区。四川西部高海拔地区，近年在阿坝州、甘孜州、攀西南地区发展鲜食葡萄，但川西葡萄发展面积不足100公顷。贵州省受东南季候风影响更大些，全省有葡萄面积2 500公顷，产量近万吨。

近年，云南蒙自、昆明、川西茂县等地修建了一批微型冷库，主要贮藏品种为红地球、利比尔、秋红，用于短期贮藏还有乍那品种。由于云南省红河州，春季干热，使乍那品种的成熟期提前至雨季来临前的5月份，在我国葡萄的“天然温室”度过冬季后果品经长途运输销往上海等市场，效益十分显著。

云南虽是鲜食葡萄发展新区，但有独特的自然条件，这里的葡萄品质优良，又因为附近有高温多雨、缺少优质鲜食葡萄的广大南方市场，其市场潜势大，鲜食葡萄销价普遍高于全国平均水平。

（三）我国中南部葡萄产区

1. 南方葡萄产区

南方葡萄产区指长江中下游流域以南亚热带、热带湿润区，包括上海、江苏、浙江、福建、台湾、江西、安徽、湖北、湖南、广东、广西、海南、四川、重庆、云南、贵州和西藏部分地区。本区为美洲种和欧美杂种次适宜区或特殊栽培区，主产区集中在长江流域各省市，总面积近4万公顷，占全国葡萄栽培总面积的20%左右，栽培面积依次为四川、江苏、湖北、台湾、浙江、安徽、湖南等。

本区虽不是鲜食葡萄适宜栽培区，但因对外开放、经济发展迅速，生活水平普遍较高市场需求迫切。以我国台湾近十年巨峰葡萄生产发展为例，只要加强技术研究和普及，本区是可以发展葡萄生产的。在厦门、深圳、珠海、海南等特区，以及东南亚广大市场，可以交通方便、靠近城郊，或是在降水偏少，日照时数充足的地方建立一定规模的优质鲜食葡萄商品生产和出口基地，是有前途的。

本区现有栽培品种大多是美洲种或欧美杂种品种，表现较好的有巨峰、藤稔、吉丰18、黑潮、黑奥林、白香蕉、吉香、日本无核红、玫瑰露、金香、金铃、尼加拉、康太、康拜尔等。由于采收期降雨较多、温度较高，收果后应及时销往市场，运输保鲜或短期贮藏保鲜最重要，并应积极推广产期调节技术，使二收果在相对干燥的11～12月份成熟，用二收果进行长期贮藏，更能发挥本区比较优势。

我国台湾可以巨峰葡萄二收果、三收果进入巨峰原产国日本市场，泰国发展早季生产的葡萄销往我国香港市场，都说明南方有其自身特有的地域优势、气候优势和市场优势，应予重视。

2. 黄河故道葡萄产区

黄河故道葡萄主产区在河南省。早在1 000多年前，古都洛阳已有葡萄栽培，但高温多雨的气候条件限制了这个地区葡萄栽培业的发展。河南省有地理优势，靠近相对缺鲜食葡萄的广大南方市场，除供应当地市场外，现有相当数量的巨峰葡萄运往南方市场。截至1997年，黄河故道的葡萄栽培面积已达1.91万公顷。近年果实套袋技术广泛推广，极晚熟耐贮品种秋黑、红地球等品种已在豫西地区落脚，并表现出较好的葡萄品质，生产前景看好。红地球品种的贮藏也开始，靠地域优势和贮后增值，预计今后将有适量发展。目前，河南省葡萄全年贮量不足100

万千克。

除上述各区外，我国的葡萄特殊栽培区，包括吉林、黑龙江两省，是欧美杂种次适区。由于区气候冷凉、有效积温不足和生育期短，限制了葡萄生产栽培，只能栽培早、中熟品种。本区年均温小于7℃，大于10℃有效积温小于3 000℃，且多数地方冬季极端低温达-30℃以下，需要重度埋土防寒，或实行保护地栽培。50年前，除野生山葡萄外，在吉林省以北几乎没有葡萄栽培品种种植。20世纪70年代末到80年代中后期，巨峰及一批中熟品种如甜峰、蜜汁、康太、紫珍香、早生高墨、京亚等欧美杂种大粒品种的引进，一批中小粒型品种逐步被淘汰，至20世纪90年代后期，本地区以巨峰为主的欧美杂交种品种的露地栽培面积已达1万余公顷。近年，甜峰、蜜汁、京亚等一批中熟大粒巨峰群系品种及森田尼无核等欧洲品种，正在吉林省逐步扩展。

20世纪70年代中期，黑龙江齐齐哈尔葡萄试验站等对寒地保护地葡萄栽培研究工作取得进展，使欧美杂种系优良晚熟品种及欧洲种中的优良品种得以在我国东北地区寒地生产。近年，黑龙江省发展日光大棚种植红地球葡萄，9月下旬至10月上旬成熟，其时外界气温低，使采收、入库前有充分预冷，贮至春节前上市，果梗鲜绿，贮藏效果很好售价高。现两省保护地葡萄栽培面积约1 000公顷。

该区生产的葡萄除满足本地市场需求外还可运销俄罗斯，对外出口潜势巨大。

三、葡萄采后生理

葡萄果实为浆果，果中水分很高，采收后果实的生命活动比较活跃，对周围环境因素（温度、湿度、气体、光照、微生物等）很敏感。因此，了解葡萄采收后生理活动的规律及与环境因素的相互关系，对调控葡萄采后生理活动，延缓果实衰老十分重要。

（一）采后葡萄活体仍在呼吸

1. 呼吸作用概念和类型

葡萄采收后，果实仍是活体，进行着新陈代谢和呼吸作用。呼吸作用为葡萄果实的正常生活提供能量，但也消耗大量果实中的营养物质并产生大量呼吸热。因此，葡萄保鲜贮藏的核心问题是调控果实的呼吸，减少果实营养损耗，保持果实的品质。果实的呼吸作用分 2 类，即有氧呼吸和无氧呼吸。有氧呼吸是果实在有氧供应的条件下，经过一系列复杂的化学过程，把有机物分解为二氧化碳和水，也是果实主要呼吸类型。无氧呼吸则不从空气中吸收氧，因而呼吸作用消耗的有机物质不能彻底氧化，而是在果实中形成乙醛、酒精等有害物质并有异味。在葡萄贮藏过程中应尽可能地避免或减少果实的无氧呼吸。产生无氧呼吸的原因除葡萄贮藏环境中氧气的浓度低，还与葡萄果实对氧的吸收能力及各品种的组织结构有关。

（1）呼吸作用对葡萄保鲜贮藏的积极作用　果实的呼吸作用有其消极作用的一面，也有其积极的方面：

①葡萄采后仍然是活体，仍要进行一系列新陈代谢活动，而

这些代谢活动所需能量来自呼吸作用。

②呼吸作用对果实有保护作用。通过呼吸作用可增强对各类伤害的抵抗能力。葡萄受伤害后，呼吸作用加强，如机械伤、二氧化硫伤害时，也是果实的自卫反应。在反应中产生的大量抗生物质（多酚类物质等），可杀死或抑制各种微生物滋长，还形成大量木质素，有利于果实伤口愈伤组织的形成。

（2）呼吸作用对葡萄保鲜贮藏有不利作用　总的方面，呼吸作用对葡萄保鲜贮藏不利作用更大些。因为，呼吸作用增强，导致果实内营养物质分解，葡萄甜度和酸度下降，降低果品质量。例如，巨峰葡萄在0℃条件下1千克1小时释放二氧化碳2毫克；贮藏90天后，1千克巨峰葡萄在0℃条件下消耗的糖分约3克。呼吸作用还会放出大量呼吸热，这对保鲜贮藏不利。经过预冷的葡萄，在冷库里品温仍会上升，就是由于葡萄在贮藏过程中产生大量呼吸热所致。因此，在贮藏和运输过程中，一定要注意及时排除呼吸热。在设计贮藏库或葡萄入库时，一定要准确估算呼吸热。库容量过大造成超负荷运转或制冷量不足，葡萄放出的呼吸热在短时内不能排除，将导致库温不能及时降至所需低温，造成葡萄腐烂和加速衰老。在葡萄冷库管理中，不了解葡萄活体要呼吸，要产生呼吸热，忽视预冷，忽视冷库前期的快速降温和温度稳定，这是葡萄贮藏失败常见的重要原因。

（3）葡萄属非呼吸跃变型水果　根据果蔬采后呼吸强度的变化趋势，将果蔬分为2种呼吸类型：呼吸跃变型和非呼吸跃变型。呼吸跃变型的果蔬是随着果蔬的成熟度呼吸作用减缓，当果蔬进入完熟时，呼吸强度又骤然升高，并随着果蔬的衰老呼吸强度有所下降。此类果蔬有明显的质量变化过程，如苹果、梨、香蕉、李、番茄等。非跃变型果蔬是随着果蔬的成熟度呼吸作用减缓，而在果蔬进入晚熟时、衰老时呼吸强度仍然下降，不会骤然升高，如葡萄、柑橘、黄瓜、草莓等。

葡萄不同于苹果、梨，没有明显的后熟期或后熟过程。这里所指的是整穗葡萄，也就是说在其成熟过程中无呼吸跃变现象。

（4）注意葡萄果梗的特殊性　有研究认为葡萄果梗和穗轴中含有大量淀粉和蛋白质颗粒，因而在葡萄成熟过程中果梗和穗轴有明显的呼吸跃变现象，其乙烯释放量为果粒的 30～60 倍，葡萄果梗的呼吸强度也比果粒的高，有与呼吸跃变型果实相似的呼吸作用高峰，所以果梗是葡萄果穗采后物质消耗的主要部位。在贮藏过程中，穗梗、果梗是否变黄、干缩是检查保鲜效果的重要标志，也是消费者衡量葡萄新鲜程度的重要标志。葡萄果梗和穗轴的这种生理特性，是葡萄保鲜贮藏中果梗“保绿、保脆”难点所在，是葡萄贮藏成功与否的焦点，是葡萄贮藏者要特别关注的问题。

（5）巨峰类品种有很多特殊性　葡萄是呼吸强度较弱的水果，通常指的是欧洲种晚熟品种。至于美洲种或欧美杂种系品种也有很多特殊性。巨峰品种在常温 20℃ 条件下，采后呼吸强度明显高于欧洲种相近熟期的品种。从表 3 可见，红宝石、龙眼品种采后一段时间的呼吸强度基本处于稳定状态；在常温条件下裸放 7 天，红宝石的果实仍然十分饱满，果皮不皱，果肉脆硬，果梗鲜绿；但纵剖果实，果刷维管束与周围维管束连成一体，并埋藏于果肉中。但巨峰呼吸强度较高，在常温条件下，特别是采后 3 天的数值，高出 1 倍左右；常温下裸放 7 天，则果肉变软，果皮皱缩，果梗干枯，不少果粒脱落；纵剖果实，果刷及维管束萎缩、褐变、脱离果肉。可见采后短期的激烈呼吸作用必然要消耗较多的养分和水分，不利于葡萄保鲜贮藏。

表 3　葡萄呼吸强度的变化（20℃）

单位：CO_2 mg/（千克 FW · h）

品种	采后 2 小时	采后 1 天	采后 3 天	采后 7 天
红宝石	0.21	0.10	0.26	0.22
龙眼	0.26	0.34	0.32	0.43
巨峰	0.57	1.06	2.13	1.14

2. 影响葡萄呼吸强度的因素

（1）温度　降低采后葡萄存放温度，可使其呼吸强度会成倍下降。温度从20℃降至10℃，呼吸强度下降1倍以上；而温度从10℃降至0℃，呼吸强度下降2倍以上，可见温度对葡萄的呼吸强度、新陈代谢和贮藏期长短的影响是明显的。如果将采收后葡萄贮放在良好低温环境条件下，葡萄的呼吸作用将处在极微弱状态，果实内的各种营养成分：如果糖、葡萄糖、酒石酸、苹果酸及各种维生素处于缓慢减少状态，则贮藏后的果实基本上保持采收时的色、香、味。因此，在贮藏过程中，特别是贮藏前期，要尽量保持低温，但是并非温度越低越好，应在葡萄不发生冻害的前提下越低越好。

在贮藏过程中温度的波动会引起果实呼吸强度的变化。当环境温度升高10℃时，果实提高呼吸强度的倍数叫呼吸温度系数（Q_{10}）。在此要十分强调的是，一般水果的呼吸温度系数为2～2.5，葡萄的呼吸温度系数却是低温下的值反而大于高温下的值。这就是说，葡萄在低温贮藏条件下的温度波动对呼吸强度的影响比在高温时还大。也就是说，葡萄在低温贮藏条件下，每升高1℃或降低1℃，都会引起呼吸强度剧烈的变化。因此，在低温贮藏过程中要保持低而稳定的温度，这对葡萄保鲜贮藏尤显重要。陕西、山西、山东省是我国著名的苹果产区，那里修建了不少冷库。当一些果农用这类冷库贮藏葡萄时，他们常常沿用贮藏苹果的方法，忽视了冷库在低温时的温度波动，带来了不利影响。对保持低而稳定的温度重视不够，会导致葡萄贮藏效果不佳，甚至失败，其实例不胜枚举。葡萄保鲜贮藏中一定要关注葡萄呼吸温度系数的特点，其在低温区的表现与其他果品有很大差异。

（2）气体成分　在贮藏过程中补充高二氧化碳和低氧，可抑制葡萄呼吸强度，这是葡萄气调保鲜贮藏的理论基础。众所周知，空气中的O_2占21%，CO_2占0.3%，这种气体中贮藏葡萄只会缩短保鲜贮藏期，并会造成果梗很快变黄、变褐。适当降低 O_2 浓度，提高 CO_2 浓度，可以抑制葡萄果实呼吸作用，而不干扰正常的代谢。

当 CO_2 浓度达到适宜时，葡萄的呼吸强度和一些酶的活性会受到显著抑制。但 CO_2 浓度过大时，就会因无氧呼吸而增加乙醇、乙醛在果实内的积累，并产生极难闻的酒味和其他气味，其危害甚至比缺氧伤害更严重。但若 O_2 浓度较高，则较高的 CO_2 对呼吸作用仍能起抑制作用，不会产生 CO_2 伤害或 CO_2 伤害减轻。

（3）*湿度*　湿度并不像温度那样对呼吸有直接的影响，一般是干燥情况下抑制呼吸作用，在过湿时呼吸作用加强，其原因在于湿度不同直接影响气孔的开闭。

（4）*机械伤害和微生物浸染*　物理机械伤害可刺激呼吸作用，葡萄果实受压伤处易褐变，且呼吸强度增加。葡萄受伤后，出现开放性伤口，伤果比好果的氧消耗增加63%，不利于保鲜贮藏。果实表皮的伤口，还给微生物侵染开了方便之门，微生物在果实上生长发育，也会促进呼吸作用，不利于保鲜贮藏。因此，在采收、分级、包装、运输、贮藏各个环节，应尽量避免葡萄受机械损伤。

（二）采后葡萄贮藏中营养成分的变化

采后葡萄化学物质所发生的变化，涉及葡萄耐藏性、抗病性、品质和营养价值。因此，了解葡萄化学成分及其变化，对于葡萄保鲜贮藏及运输有非常重要意义。

葡萄果内所含化学成分主要是水分、糖、有机酸、果胶、单宁、含氮化合物、色素和维生素以及不溶于水的原果胶、纤维素、脂肪、部分色素和维生素等。

1. 水分

葡萄含水量达80%以上。水分是影响葡萄新鲜度和风味的重要因素，与葡萄的品质有密切关系。但是葡萄含水量过高，又是贮存性能差、容易变质和腐烂的重要原因之一。葡萄采收后，水分得不到补充，在运贮过程中容易蒸散失水，并引起萎蔫、失重和失鲜，其失水程度与葡萄品种、贮运条件有密切关系。

2. 糖

糖是决定葡萄营养和风味的重要成分，也是葡萄的重要贮藏物质之一。葡萄中的糖主要是果糖和葡萄糖。不同品种和产地以及栽培管理状况不同，葡萄含糖的多少亦不同，例如，玫瑰香葡萄含糖量可达20%以上，牛奶葡萄含糖量为14%～16%；生长在新疆的红地球葡萄含糖量可达18%左右，在山东只有15%～16%。据张华云调查，因降雨量大，1998年辽宁北宁的巨峰葡萄中可溶性固形物普遍为15%左右，而1999年降雨量较小可溶性固形物的含量高达19%～20%。

葡萄品种的果实中，都是以葡萄糖和果糖为主，蔗糖完全没有或因品种不同仅含极微量（0.02%～0.15%），此外，还含0.01%～0.03%棉籽糖。

葡萄在贮藏过程中，糖的含量逐渐减少。据关文强对汉沽玫瑰香葡萄的研究，玫瑰香葡萄在贮藏过程中还原糖含量下降，在0℃条件下贮藏120天时还原糖相对含量比采收时下降8%～12%（表4）。

表4　汉沽玫瑰香葡萄在低温贮藏过程中糖、酸变化

		采收时	在0℃贮藏120天
1998年	还原糖含量（%）	19.50	17.90
	可滴定酸（%）	0.66	0.45
1999年	还原糖含量（%）	19.70	17.30
	可滴定酸（%）	0.55	0.35

3. 有机酸

葡萄中的有机酸主要是苹果酸和酒石酸，二者在量上大致相等，其他还有少量柠檬酸、微量琥珀酸和乳酸。苹果酸含量占总酸量的25%～28%，酒石酸大部分以酸性酒石酸盐存在。葡萄果实成熟时，苹果酸和游离酒石酸含量急剧减少，酸性酒石酸盐也逐渐减少。

葡萄贮藏过程中有机酸含量呈下降趋势。有机酸含量降低主要是由于有机酸参与葡萄呼吸作用，并作为呼吸作用基质被消耗。在贮藏中有机酸含量下降的速度比糖快，温度越高有机酸的消耗越多，造成糖酸比上升，这也是有的果实贮藏一段时间后吃起来变甜的原因。

4. 色素

果实的色泽是人们感官评价葡萄质量的重要因素之一，也是检验葡萄成熟衰老的依据。受贮藏条件的影响，色泽会减褪或暗淡，在贮藏后期，条件较差的冷库，货品变色，会严重影响果品质量降低等级和售价。

5. 叶绿素类

叶绿素的含量以及种类，直接影响葡萄穗轴和果梗的色泽。葡萄果梗中叶绿素的含量随着贮藏期的延长而降低，由此造成葡萄果梗变黄，并落粒等，因此，保持穗轴和果梗中的叶绿素及色泽，是葡萄保鲜贮藏成功与否的关键所在。

6. 果胶物质

果胶物质的含量与种类，直接影响葡萄果实的硬度。葡萄在成熟和贮藏过程中果胶质含量的减少，主要是原果胶的分解，而可溶性果胶的含量则呈增长趋势。

原果胶是非水溶性物质，常与纤维素结合，称果胶纤维素，它使果实显得坚实、脆硬。成熟果实或采后贮存的果实之所以变软，是原果胶与纤维素分离，变成了果胶，细胞间失去了黏结作用，因而组织松弛。果胶的降解受成熟度和贮藏条件双重影响。

当果实在贮藏中进一步衰老时，果胶继续被果胶酶分解，使果实变成水烂状态。

7. 酚类物质

酚类物质与葡萄风味、褐变和抗病性有关。随着葡萄成熟，其酚类物质含量降低。葡萄采前喷钙，对采后多酚氧化酶活性有所抑制，可以减少酚类物质氧化及褐变过程。牛奶葡萄压伤后出现的褐变，巨峰葡萄采后温度过高引起的果刷褐变、脱粒，都是酚类物质氧化褐变造成的。

8. 芳香物质

葡萄的香味，也是决定品质的重要因素。香气是由种类繁多、数量极微的挥发性成分构成。如白玫瑰香葡萄的芳香成分由牻牛儿醇、萜品醇、萜二烯和芫荽油醇等70多种挥发成分组成。

葡萄中还含有不挥发的油分和蜡质。葡萄成熟时果表增生蜡质被覆。蜡质的形成增强了果实外皮的保护作用，减少水分蒸腾和病菌的侵入。因此，采收时须注意保持果粉完整，以免影响果实耐贮性。

（三）葡萄采后酶的变化

采后果实的酶活性直接影响果肉软化或褐变等机理程序。从表5可见，果刷部位的多酚氧化酶及果胶酯酶的活性，较果皮、果肉高出几倍甚至几十倍，巨峰品种果刷部位有2种酶比龙眼品种分别高7倍和22倍，巨峰果刷部位果胶迅速溶解，致使细胞分离、氧化褐变。就是在相同贮藏条件下，巨峰品种果肉易变软、易脱粒的原因之一。

表5 葡萄果实酶活性分布的特点及测定（贮后30天）

品种	果胶酯酶（U/gFW）			多酚氧化酶（μgVc/gFW）		
	果刷	果皮	果肉	果刷	果皮	果肉
巨峰	3.1267	0.8893	0.1465	14.271	3.307	0.894
龙眼	0.4136	0.3922	0.0988	0.644	0.715	0.087
巨峰/龙眼（倍数）	7	2	1	22.2	4	10.2

（四）水分蒸发作用

葡萄含水量一般在80%以上，果中含有丰富的水分，使果实呈现新鲜饱满和脆嫩状态，有光泽，有一定的弹性和硬度。在采收前，由于水分蒸发而损失的水分，可通过根系从土壤中得到补偿；采收后，则难以得到补偿。葡萄采后水分蒸发不仅使果重减少、品质降低，而且使正常的代谢作用紊乱。适度的水分蒸发可使组织的冰点降低，产品对外界机械伤的敏感程度下降，但是过分失水对葡萄的贮藏是不利的，造成失重并降低葡萄品质。

过多的水分蒸发会使正常的呼吸作用受到干扰，破坏能量的正常代谢，还会使叶绿素酶、果胶酶等水解酶的活性增强，造成葡萄穗轴、穗梗和果柄干黄，果粒变软，还会刺激葡萄果中乙烯和脱落酸的合成，加速葡萄的成熟衰老。此外，过分的水分蒸发还会造成葡萄抗病性降低，使葡萄穗轴、穗梗、果柄失水，造成干梗和脱粒。

1. 葡萄蒸发水分的途径

葡萄浆果表面没有气孔，但是果梗上分布着许多皮孔，因此，葡萄体内的水分主要通过穗轴、穗梗以及表皮机械伤口蒸发。一般较耐贮藏的欧洲种葡萄有较厚的角质层，果粉也较厚，果肉致密，通过果皮失水较少。而占葡萄穗重量2%～6%的穗轴、果梗对葡萄失水及耐藏性起重要作用。据测定，经由穗轴及果梗损失的水分占整个果穗蒸发水分的49%～66.5%。为减少水分的损失，传统的贮藏方法是“带拐贮藏”，将果穗插入湿墙中，插入萝卜、马铃薯中或用蜂蜡覆盖，以此堵塞失水主渠道或补充穗轴水分。如前所述，巨峰品种的果梗上皮孔多、皮孔大，这无疑会加快巨峰果梗失水速度增加了葡萄保鲜贮藏的难度。

2. 影响葡萄采后水分蒸发的因素

（1）*葡萄果皮组织结构与水分蒸发速度有关*　成熟度低的葡萄果表保护组织尚未形成，水分蒸发快，在贮藏中易失水。充分成熟的果实，果皮保护组织完整，水分蒸发也少。果皮薄的品种因环境条件、栽培条件不良、果皮组薄、果梗角质层薄、蜡质层薄，木质化程度低，水分可直接通过果皮、穗梗的失水量将增加。

（2）葡萄在贮藏过程中的二氧化硫伤害，会使葡萄失重率大大增加（表6）。

表6　二氧化硫伤害与果梗、穗轴失水率的关系

（张华云，1999）

品种	果梗失水率（%）			穗轴失水率（%）		
	对照	SO_2 常量处理	SO_2 超量处理	对照	SO_2 常量处理	SO_2 超量处理
红地球	0.35	0.27	1.77	0.22	0	0.11
巨峰	3.02	1.07	6.96	2.78	0.63	3.33

（3）*葡萄从采收到入贮过程中极易受伤的水果*　如机械伤、病伤，特别是果蒂与果粒交界处的细微伤痕，几乎是不可避免的。这些伤口不仅是新的失水渠道，也极易引起霉菌侵入，引致果实腐烂。

（4）*葡萄采后水分蒸发受贮藏环境中湿度与温度的影响*　预冷至0℃的葡萄，贮于0℃饱和湿度的冷库中，此时葡萄内部与外界环境水蒸气压力相等，葡萄几乎不失水。如果未经预冷、果品温度是20℃的葡萄，贮于0℃的冷库中，此时葡萄内部的水蒸气压比外界环境的要高，水分会由葡萄内部蒸发到环境中。如果预冷至0℃的葡萄贮藏在相对湿度为70%的冷库之中，由于葡萄的水蒸气压大于外界，水分也会从葡萄中蒸发到环境中。由此可见，未经预冷的果品贮藏在冷库中其水分蒸发量明显大于经过预冷的果品。所以，要缩小葡萄与环境之间的水蒸气压差，就应从降低品温和增加环境中的水气含量着手。

贮藏环境的气流速度也是影响葡萄失水的因素。气流可带走果实表面的水分，气流速度越大，水分蒸发就越强烈。

（五）葡萄脱粒原因及预防

葡萄采后果粒脱落是贮藏过程中的常见问题，采后脱粒会严重影响其商品价值。欧美杂种品种，如巨峰、藤稔等，如采收、贮运不当，则采后落粒严重。葡萄采后落粒情况分为4种类型：一是由于果梗脆嫩、木质化不良、容易折断脱落，如牛奶、里查马特品种；二是果刷纤细易从果粒中脱出，落粒后其果柄一端连有果刷，或是果刷留在果肉内，如多数的无核新品种；三是果实柔软多汁，果肉对果刷固着力不强的品种，如玫瑰香、藤稔、白香蕉、巨峰、红富士等品种；四是贮藏环境不适，引起果肉变软和果梗失水干枯或受微生物侵染，果梗腐烂引起落粒。前三类主要由外力作用引起，受品种遗传特性的影响，可通过采收、包装、运输、贮藏过程中的仔细操作，避免碰压，以减轻脱粒。后一种落粒是通常所指的“脱落”，是因果胶质分解，果柄连带果刷脱离果粒，如巨峰、藤稔、康拜尔品种，应靠贮运过程中的调温、调湿和控制微生物侵染来解决。

四、影响葡萄贮藏的因素

（一）葡萄的贮藏环境条件

采收后葡萄生命活动仍受到贮藏环境中的各要素——温度、湿度、气体、微生物及人为活动的影响。适宜的贮藏环境，有利于抑制葡萄生命活动要素的合理配合，能使葡萄在长期贮藏后仍然新鲜如初的条件。反之，任何一个要素不适宜，都能导致葡萄保鲜贮藏失败。

1. 温度

温度是贮藏环境中最重要的环境因子。贮藏温度对葡萄生理活动影响很大，温度高时葡萄呼吸强度大，并使果胶酶、纤维素酶及其他与衰老有关的酶活性高，果实在贮藏过程中养分消耗大品质变化快，果实衰老速度加快。贮藏温度高时，微生物生长与繁殖速度快，葡萄很快霉变和腐烂。

（1）*温度与微生物*　葡萄是否腐烂取决于微生物生长活动能力，温度则影响真菌病原孢子萌发和侵入速度。各种真菌的孢子都有其最高、最适及最低萌发温度，例如，灰霉葡萄菌孢子接种在无核葡萄品种上，在 0～30℃均可发芽，18℃为适温。在 15～20℃约 15 小时孢子就可萌发，在10℃时孢子萌发需要 4～5 天，在0～2.2℃，孢子需 7 天才萌发。低温环境有利于抑制真菌孢子萌发和菌丝生长，减少侵染并抑制病菌在侵染组织中的发展，也抑制了果实的衰老，使葡萄有较强抗病能力，能最大限度地减少腐烂。但是，许多病原真菌孢子萌发及菌丝生长在低于5℃或0℃时仍能生长，而且已萌发的孢子在稍低于零度时仍缓慢生长。因此，低温贮藏不能完全阻止采后葡萄病害的发展。在低温贮藏环境下，特别是在0℃左右的温度时，温度变化虽然只有1～2℃，但对病原真菌的生长有明显的影响，要比其他任何温度波动的影响更明显。灰霉葡萄孢子生长速度在2℃贮藏条件时明显加快，而0℃或－2℃时，生长很慢差异明显。因为在－2℃低温条件下，灰霉葡萄菌孢子生长极为缓慢。所以，贮藏温度应尽可能控制在较低的温度，可以较好的抑制霉菌，当然还需要其他贮藏条件的紧密配合。

（2）*贮藏温度的确定*　综上所述，葡萄应在不发生贮藏冻害为前提，尽可能在临近冰点的最低温度下贮藏。所谓冻害是指果实贮藏温度在冰点以下因冻结出现的伤害。葡萄的冰点温度值不甚一致，有人认为是－2℃，有人认为是－3℃或再低些。贮藏实践则表明，－2℃时果梗会发生冻害，如龙眼葡萄果梗会因此受冻。葡萄的冰点温度随葡萄种群、品种及栽培条件、葡萄成熟度而不同。决定葡萄冰点的温度取决于葡萄浆果中可溶性固形物的含量、穗轴以及穗梗等木质化程度。凡可溶性固形物含量低、木质化程度低的葡萄，其冰点温度要高一些，受冻害的可能性也大。

在0℃以下的冰点温度贮藏葡萄，可有效抑制果实的呼吸强度和酶的活性，并抑制霉菌发生。吕昌文（1992年）对多个冷库的库温做过调查，河北省某冷库贮藏巨峰温度为2℃，其贮藏果腐烂率要比－1.5～0℃的冷库高20倍。因此，从采后生理特点分析，巨峰葡萄对贮藏温度的要求比龙眼葡萄要更严格，应选充分成熟的，含糖量超过17度的巨峰葡萄，并在－1.5～－1℃条件下贮藏，其效果最佳。在传统的葡萄贮藏方法中，果农认为贮藏葡萄的最佳温度是－1℃左右，即将一碗水置于贮窖内，碗中水的上层结冰，用手指一触即破为最适温度，传统上贮藏极晚熟耐藏的龙眼品种或其他欧洲种东方品种群的葡萄品种。据崔子成、田素华的调查（表7），在0℃以上窖温中贮藏葡萄，干梗率高达20%～35%，果粒变软，贮藏期只有90～120天；但过低的温度（-4～-2℃），果梗会有冻害发生；认为最低贮藏温度为-1～0℃。

表7　不同温度时巨峰葡萄贮藏效果

温度℃	果粒	果梗	落粒率（%）	腐烂率（%）	裂果率（%）	好果率（%）	贮藏天数
3～4	软	35%干褐	1.4	3.0	5.0	90.6	90
1～2	稍软	20%干褐	1.5	2.5	3.5	92.5	120
0～-1	饱满	鲜绿	0	1.2	0	98.8	150

需要指出的是，上述温度，多为贮藏库保持的温度。笔者认为，以-2℃为下限温度较为合适。确定葡萄贮藏温度时还必须考虑以下因素：

①欧美杂种品种，比欧洲种较耐低温：巨峰、夕阳红、黑奥林等品种要求贮藏库温度为-1℃±0.5℃。在葡萄来源属于高产量、低质量的情况下，库温为-1.5℃时也会发生轻微冻害，特别是靠近冷风机的葡萄更易出现冻害。

②欧洲种晚熟、极晚熟品种：如龙眼，在长城以北其成熟和采收已近晚霜，甚至可在轻霜后（不低于-1℃）采收，贮藏温度为-0.5℃±0.5℃，对贮藏有利。

③中早熟品种：其耐低温能力不如晚熟、极晚熟品种；亚热带（长江流域）或温室葡萄不如温带采收的葡萄耐低温。果梗脆绿，果皮薄，含糖量偏低的品种如牛奶、里查马特等耐低温能力差些，宜在0℃±0.5℃贮藏。据国外经验，含糖量低的品种在-1.6℃下出现冻害。

④高负载或不充分成熟的葡萄，其耐低温能力有所下降。

在低温条件下，葡萄对低温波动的承受能力较苹果、梨等水果敏感。所以冷库温度的波动对葡萄贮藏十分不利，保持稳定的冷库温度，是贮藏葡萄的关键技术之一。

2. 湿度

与苹果、梨比较，葡萄更易在贮藏过程中失水。贮藏环境保持一定湿度，是防止葡萄失水、干缩和脱粒的关键。湿度与霉菌滋生是一对矛盾，高湿度有利于葡萄保水、保绿，但易引起霉菌滋生，导致果实腐烂；低湿度可抑制霉菌生长，但果实易干梗失水和脱粒。传统葡萄贮藏技术是不使用防腐保鲜药剂的，所以更要严格控制湿度，甚至采取“干梗贮藏”法贮藏龙眼葡萄，以延长贮藏时间。据国外经验，欧洲种葡萄在相对湿度80%～85%的自然损耗达12.4%～16.4%，在使用防腐保鲜剂的条件下，贮藏欧洲种品种葡萄的相对湿度可调节至92%～95%。

如前所述，美洲种或欧美杂种品种（如巨峰、康拜尔）需高湿度保证贮藏果不致干梗脱粒。辽宁北宁市大量贮藏巨峰品种的经验表明，在用纸箱或木箱包装，内衬塑料袋条件下，在贮藏期间可见到袋内轻微结露现象，如能使用效果较好的防腐保鲜剂，巨峰可贮藏至翌春，此时袋内空气相对湿度接近或达到100%。沈阳农业大学马岩松在辽宁海城冷库贮藏的巨峰葡萄，严格控制塑料袋内的湿度以不出现结露为度，相对湿度达95%以上，这种巨峰果穗出库时，外表干爽，品质优良，有更好的商品性和货架期。

综上所述，欧洲种葡萄较耐干燥，要求贮藏库或塑料袋内相对湿度，达90%～95%为宜；美洲种或欧美杂种能忍耐较高的湿度，湿度过低会引起干梗，相对湿度应为95%～98%，以不出现袋内结露为宜。

3. 气体

随着气调贮藏技术在苹果等水果上的广泛应用，葡萄气调贮藏技术越来越引起人们的关注。国外的不少试验表明，葡萄在气调贮藏条件下，由于降低了 O_2 和提高了 CO_2 含量，交链孢霉、曲霉和青霉菌等真菌受到明显的抑制，果实的呼吸作用及酶活性也都得到抑制，从而使贮藏期延长。试验指出，同样的葡萄品种，采用气调贮藏，可贮存6个多月，而在普通大气中（21%的 O_2，0.3%的 CO_2）只能贮存3.5个月。前苏联学者

B. A. TYPOUH（1980～1982）的试验结果表明：玫瑰香葡萄贮藏最佳气体组成为 CO_2 8%和 O_2 3%～5%；意大利品种为 CO_2 5%～8%和 O_2 3%～5%；加浓玫瑰品种为 CO_2 8%和 O_2 5%～8%，对10多个欧洲品种的气体贮藏试验结果表明，CO_2 范围为3%～10%，O_2 为2%～5%。总之，只要气体成分适合，任何品种的葡萄在气调贮藏条件下，都有更理想的效果。

近年，国内学者对葡萄的气调贮藏进行的研究表明，巨峰葡萄品种适应低 O_2 和高 CO_2 的环境，最佳气体成分大致为5% O_2 +8%～12% CO_2；龙眼品种的气调成分为15% O_2 +3% CO_2 是最佳气体条件；保尔加尔品种以低 CO_2（3%）和高 O_2（10%）的综合处理效果好；红地球品种气调贮藏所需气体组合为2%～5% O_2 +0%～5% CO_2 效果最好，但发现气调库的果实中乙醇含量均高于对照。延迟采收的天津汉沽区玫瑰香葡萄，适合高 CO_2 和高 O_2 贮藏，适宜的气体指标是10% O_2 +8% CO_2。玫瑰香品种对低氧较敏感，当 O_2 浓度为5%或5%以下的条件贮藏120天时会引起浆果中乙醇含量明显升高。

目前，生产中采用的PVC和PE塑料小包装进行冷藏，是一种简易的气调贮藏技术，也是目前我国葡萄气调贮藏的主要方式。此方法中的葡萄，所处的气体成分主要由保鲜袋的透气性来决定。对巨峰葡萄贮藏性试验表明：0.05毫米厚的PVC葡萄专用保鲜袋能保持袋中有高二氧化碳浓度和较低的氧浓度，二氧化碳浓度可高达7.8%，并使贮藏中巨峰葡萄果梗鲜绿，无明显失水现象，好果率高，脱粒率低。目前生产上大量应用的普通PE膜袋，其二氧化碳的浓度只有3.3%，氧气浓度则高达17.4%（表8），由于高氧和低二氧化碳浓度加速了浆果衰老及穗轴叶绿素的分解，因此穗轴易变黄，脱粒率和穗轴失水率较高。这就是为什么当前各地贮藏的巨峰葡萄其果梗普遍保绿差的原因之一。

表8 不同包装材料对葡萄贮藏的影响（1998.12.26，北宁市、盖州市）

袋种类	厚度（毫米）	扎口方式	气体成分		果梗			果粒	
			O_2	CO_2	色泽	失水率（%）	好果率（%）	脱粒率（%）	腐烂率（%）
PVC	0.05	绳扎	10.0	7.8	鲜绿	0	99.2	0.11	1.03
PVC	0.04	绳扎	12.0	6.4	鲜绿	2.1	96.7	0.56	1.25
PE	0.035	绳扎	14.2	5.6	绿	4.1	94.0	1.10	1.48
PE	0.025	绳扎	16.0	3.3	黄绿	8.5	89.6	2.03	2.30
PE	0.025	抿口	17.4	2.8	黄绿	11.1	84.2	2.40	3.10

综上所述，气调贮藏对葡萄贮藏保鲜具有一定的意义，但是不同的品种对气体的适应性不同，表9是笔者根据国内外研究情况，提出几个品种适宜的气体指标，供参考。

表9 不同葡萄品种贮藏所适宜的气体成分

品　种	O_2（%）	CO_2（%）
龙　眼	3～5	5～8
巨　峰	3～4	5～6
马　奶	5～8	2～3
秋　黑	2～3	5～6
红地球	2～3	5～8

需要指出的是，高 CO_2 和低 O_2 浓度虽可明显抑制果实的呼吸作用和抑制霉菌，但若超过果实的忍耐值，则会使葡萄出现二氧化碳伤害和无氧呼吸引起的伤害。实践证明，充分成熟的优质葡萄在贮藏温度较低时（接近冰点温度），其对高 CO_2 和低 O_2 的忍受能力可明显提高。

（二）贮藏病害

1. 真菌病害

葡萄果实，在采收、贮藏或短途运输过程中，极易受物理机械伤害，在贮藏过程中又易受各种霉菌的侵染。因此，防腐保鲜贮藏对葡萄大规模贮藏而言必须重视技术措施。侵害葡萄的霉菌大多属于真菌类。葡萄采后通常见到的病害有：灰霉引起的灰霉软腐病；根霉引起的黑腐病；黑曲霉引起的黑粉病；交链孢霉和葡柄霉引起的黑斑病；多主枝孢霉引起的腐烂；以及青霉引起的青霉病等。芽枝霉、交链孢霉、葡柄霉、根霉、黑曲霉易在果柄基部发病，葡萄球座菌仅在果皮发病。在18℃以上的温度条件下，根霉发病严重，次之为黑曲霉；10～18℃时黑曲霉发病程度高于根霉和青霉的。低温下灰霉和交链孢霉为致病优势病菌，青霉次之。

由于气候条件、栽培措施、空气污染以及病原种群生态条件等诸多因素的影响，每年各地的病害发生与流行是不相同的。另外，不同地区、不同栽培品种也存在着差异。因此，葡萄贮藏保鲜工作应根据具体情况制定相应的防腐保鲜措施。下面介绍几种主要的贮藏病害：

（1）葡萄灰霉病由于灰霉菌在－0.5℃仍可生长，因此，它是葡萄低温贮藏中的主要病害，也是鲜食葡萄贮藏中具毁灭性的病害。葡萄对此病菌的抵抗力很弱，各品种葡萄皆易感染。灰霉病在葡萄种植园的危害也时有发生，易在被侵染植物的侵染部位形成青色的菌核，这些菌核在干燥或不利的条件下长期存活。菌核在潮湿的条件下则萌发产生大量灰色孢子，这些孢子能侵染幼芽、花和浆果。近年我国南方田间灰霉病超过葡萄黑痘病，成为南方主要的葡萄病害，对南方葡萄贮藏带来更大的难度，应引起注意。

【症状】灰霉病侵染果皮后会有明显裂纹，葡萄果腐烂仅限于表皮和亚表皮细胞层，用很小一点点压力即使果皮脱离染病部位，这是早期侵染灰霉病的特征。随后，真菌在果皮开裂处形成灰色分生孢子梗和孢子，但在冷藏条件下菌丝体呈白色，而不像田间那样呈灰色。果实腐烂后出现明显的水浸状斑，以后变褐色。在潮湿的条件下腐烂表面产生淡色、浅灰色或褐色柔绒状霉层。如果冷藏期间未用防腐保鲜剂，此病会蔓延扩散，直至包装箱内的葡萄全部染病为止。

传播途径及发病条件：灰霉菌常潜伏侵染，有几种形式，一种是在花前和花期侵染葡萄开花的柱头，潜伏在坏死的柱头和花柱组织中，直到果实成熟和贮藏过程中病菌才生长发展。另一种是在接近葡萄成熟时侵染，在葡萄表面角质层内形成附着孢，形成潜伏侵染直到浆果完全成熟才萌发致病。灰霉孢子还可通过机械等引成的伤口侵入浆果的角质层和表皮层。灰霉病菌主要以菌核和分生孢子在病果、病株等病组织残体中越冬；分生孢子借气流传播。若多年用于贮藏葡萄的冷库，在葡萄入贮前不进行消毒，以及在敞口预冷期间，散落在冷库内的病残果，均会成为侵染源和造成再次侵染。巨峰等品种花期侵染则表现为“烂花序”，但多数品种此时期仅潜伏侵染而不表现症状，直至葡萄果实成熟期才表现症状，有“三次侵染，二次表现”的情况。

【防治方法】灰霉病是田间及贮藏中易发生的葡萄病害，所以防治此病必须从田间做起。①葡萄采收后，结合秋季修剪，将葡萄架下的病组织残体（包括病果、病枝、病叶等）清扫干净，集中烧毁或深埋。②加强栽培管理多施有机肥，增施磷肥，控制速效氮肥使用量，防止枝条徒长，合理修剪，保持园内通风透光。③开花前和果实采收前喷药剂，可有效减少病原，控制灰霉病的发生。可选用45%特克多悬浮剂4 000～4 500倍液、50%扑海因可湿性粉剂1 500倍液、50%苯菌灵可湿性粉剂1 500倍液。葡萄坐果后应对果穗全面喷布一次杀菌剂，并立即套袋实施物理隔离。贮藏用的葡萄在采收前2～3天，应喷一次CT果蔬液体保鲜剂或葡萄采前涂膜剂，效果更好，以减少入贮葡萄的带菌量。④搞好贮藏场所和用具的消毒。消毒方法参见机械冷藏中库房消毒一节。

采前因素对贮藏期葡萄灰霉病的发生率有很大影响，采前降雨特别是采前1个月的降雨量，成为灰霉病发生的重要因素。在贮藏期间，目前尚无有效药剂可在防治腐烂和总的适用性方面超过SO_2的性能和效果（见防腐保鲜剂一节）。

（2）葡萄青霉病　病原菌为青霉菌（*Penicillium* sp.），为贮藏和运输中的一种病害，巨峰、马奶、木纳格葡萄易感此病。

初期病原菌在葡萄上形成2～8毫米水浸状圆形凹斑，果面皱缩，果实软化，组织腐烂并有一种霉味。初期霉菌菌丝为白色霜状物，而后形成了子实体或孢子而成青色霉状物。

葡萄的青霉菌为典型的腐生菌，常寄生在死亡的植株上、病残果实或库房内果实残体上，以分生孢子进行传播和侵染。孢子通过风、雨、水、昆虫等传播。并通过采收或采后果实表面形成的伤口侵入或从果梗侵入，并有可见的青色霉状物，深入果实中，引起腐烂。在10～18℃条件下的运输过程中和0～10℃贮藏的葡萄上发生较多，一般发病果实不侵染健康果实。青霉菌在低温0℃以下生长缓慢。在运输或贮藏期间可用SO_2杀死或抑制青霉菌发展。精细采收与贮运，也是防止伤果、防止青霉菌为害所不可忽视的有效措施。

（3）黑霉病病原菌为黑根霉（*Rhizopus nigricans*）　病原菌不能在-0.5～0℃条件下生长。它是在高温运输、存放或土窖贮藏时常出现的病害。常见于马奶、无核白等葡萄早、中熟品种。

发病初期菌丝侵入果实，先出现褐色水浸状斑，后果实流汁、软烂，果皮易脱落，病组织可迅速感染健康组织。发病果实上长出绒毛状灰色黑头菌层，故称黑霉。病菌子实体出现之前，症状类似青霉菌引起的青腐。

病菌生活在土壤或植物残体中，其孢子借空气传播。初侵染多从伤口进入，可迅速传播并侵染邻近的健康果实。

降低贮藏温度，防止果实碰伤和用SO_2防腐均有明显的防治效果。采后葡萄迅速预冷可大大降低因根霉菌引起的腐烂。

（4）黑粉病　由真菌黑曲霉引起，是高温高湿运输中的第二大病害。虽然其致腐速度不如黑根霉快，但它耐SO_2保鲜剂的能力要比根霉强，因此，在黑根霉被抑制的情况下易发生黑粉病。冷藏条件下一般不发病。黑粉病能引起葡萄果实组织的非水浸状的腐烂，组织褐变，病斑上先滋生白色菌块，后长出明显的淡黑色分生孢子，多发生在葡萄果柄基部或果粒伤口处。保持低温环境和应用保鲜剂均有一定的防治效果。

(5) 黑斑病　是由真菌引起的病害。主要有多枝孢霉、交链孢霉和葡柄霉，是葡萄贮藏后期的重要病害。各品种葡萄都易发此病，其中以欧洲种葡萄发病为重。病菌主要由采前经田间侵入，在1~2℃的冷库中仍然能发病。初期发病果实上有不规则近圆形浅褐色斑，表面光滑干燥，后形成黑色或浅绿色霉层；多发生在穗梗、果梗基部及果粒侧面，并使果梗迅速失水、干缩、失绿，易侵入果刷而导致果实落粒。枯死的花易被侵染并成为传播源，孢子借空气传播。即使在无雨的条件下，病菌也能直接侵入健康的成熟果实组织，在潮湿条件下，葡萄果实会大量发病。

(6) 霜霉病　病原菌为霜霉科单轴霉属（*Plasmopara viticola*）。它是葡萄园主要叶面病害，若采收期中度或重度为害叶片时，果穗梗上会潜伏大量病菌，在低温条件下贮藏的葡萄也能发病。贮藏期间发病的主要症状是小果梗发黑，初期为油浸状、黄色片痕，逐渐失水，使整个果梗干缩。须避免从霜霉病重病葡萄园采收贮藏用的果穗，并应采前用CT防腐剂喷果穗。

综合防治贮藏真菌病害的主要措施如下：①加强果园田间病害防治；②长期贮藏的葡萄可于采前对果穗喷一次杀菌剂；③采收时认真筛选栽培管理好的无病果园和挑选果穗，剔除病、虫、伤果；④轻拿、轻放、轻运，防止人为伤果；⑤迅速降低库温，保持温度稳定；⑥气调贮藏，选择适合不同品种的保鲜袋；⑦使用防腐保鲜剂（有关章节将详述防腐保鲜剂的使用方法）。

2. 生理病害

(1) 裂果　裂果是葡萄贮藏过程中最易发生的生理病害，

多发生在果顶或梗附近。粉红葡萄、红马拉加和无核白、乍娜、里查马特、美国黑大粒等品种易发生裂果。若采前灌水或成熟期多雨，即使果皮较厚的巨峰葡萄，在贮藏期间也会发生裂果，随贮藏期的延长而加重。此病应通过栽培措施加以克服。开裂的果实在贮藏过程中不但自身易腐烂和出现漂白斑点，而且裂果造成“保鲜剂局部积累过多”其余部分葡萄果周围的“药劲不足”。在贮藏过程中要防止裂果，主要办法是：①花期至果实采收期应保持土壤水分均衡，避免忽干忽湿。②合理修剪，防止过量结果。③果实套袋。④降雨量大的年份或者生长前期干旱后期降雨量大的年份应延迟采收葡萄并延长预冷时间。⑤采收前喷布100倍CT葡萄涂膜剂。⑥严禁有裂果的葡萄入库贮藏。⑦降低贮藏过程中保鲜袋内的湿度。⑧采收及贮藏过程中要轻拿轻放，防止积压、颠簸，包装容量不宜过大，应以单位重量5千克以下为宜。

（2）冻害　北方地区，晚熟、极晚熟品种会受各种因素影响而采收期推迟，常会在晚秋遇到早霜冻。虽然略低于冰点的温度并不伤害果实，但可使果梗变成深绿色，呈水渍状态，贮藏时易受SO_2侵害，出现浅褐色腐烂，最后造成果梗干缩变褐。果实受冻时可呈褐色、蔫软，或渗出果汁。冻害还导致霉菌侵染，引起霉变腐烂。冻害既可能发生在田间，也可能因冷库温度低于葡萄冰点引起冻害。在长城以北地区，极晚熟品种采收期极易遇早霜、轻霜，若持续时间不长，对果穗影响不大；经受重霜或霜冻危害的葡萄则不能用于贮藏。

【防治方法】①采收期不宜过晚，应在早霜之前采收完毕。②贮藏过程中温度应严格控制在-0.5℃±0.5℃。③靠近冷风机附近的葡萄应加覆盖物。④及时观察库内的情况，一旦看到葡萄出现冻结情况应及时调控温度，如果冻结时间不很长，通过逐步升温可以缓解。

（3）二氧化硫伤害　受SO_2伤害的葡萄，症状是果皮出现漂白色，以果蒂与果粒连接处的果梗或果皮有裂痕的伤口处最严重，有时整穗葡萄受害。防治方法：①不采摘成熟不良或采前灌水的葡萄用于贮藏；②对 SO_2 较敏感的品种如里查马特、牛奶、粉红葡萄、皇帝、无核白、红地球等，要通过增加预冷时间、降低贮藏温度、控制药剂用量和包装膜扎眼数量预防或者使用复合保鲜剂，适当减少 SO_2 释放量。③减少人为碰伤，一旦果皮破伤或果粒与果蒂间有肉眼看不见的轻微伤痕，都会导致 SO_2 伤害，而出现果粒局部漂白现象。另外，挤压伤也会引起褐变，压伤部位呈暗灰色或黑色，并因吸收 SO_2 而被漂白。

（4）褐变　葡萄果肉褐变在不同品种上的表现不同，红色品种褐变表现为果实色泽发暗，一些白色品种更易显现，如牛奶、无核白、意大利、白马拉加等欧洲种的脆肉型品种。这类品种在贮藏后期也易出现果肉内部褐变。一般是从维管束开始褐变向果肉扩展。这类品种的果实中通常有较高含量的多酚氧化酶。贮藏期应随时注意观察褐变的初始迹象，并及时出库销售。葡萄的褐变有多种因素引起，衰老也是褐变的一种表现，冻害或损伤也能引起果肉褐变。此外灰霉病等病菌的侵染，果实贮藏过程中气体不适也会引起果肉褐变。

（三）采前因素对贮藏的影响

1. 葡萄品种与贮藏

葡萄不同种类和品种群其耐贮性有很大差异。在欲贮某个品种时，首先要了解该品种的种属特性。广泛栽培的鲜食品种，大体属于 2 个类别即欧洲种和美洲种。

欧洲种及其所属 3 个品种群的品种，起源于西亚和地中海沿岸，那里的生长期气候干燥少雨，葡萄抗寒、抗病力较差，耐干燥、不耐潮湿。欧洲种起源地的气候特征直接影响到这种葡萄果实的贮藏特征，即要求贮藏环境相对比较干燥、湿度比较低些，甚至可进行“干梗贮藏”。美洲种起源于北美东部，生长期雨水较多的地区。这种葡萄一般有较强的耐湿力，抗寒、抗病力较强，要求贮藏环境相对湿度较高，并能忍耐比欧洲种稍高一些的湿度和稍低一些的温度环境。我国传统贮藏法如筐藏、挂藏等就是一种“干梗贮藏”法，适用于欧洲种的龙眼、和田红葡萄等，可贮藏至翌春，虽果梗、穗梗已严重失水干枯，但果粒仍牢固的固着在果梗上。而美洲种或欧美杂种如巨峰、黑奥林、先峰、康拜尔、康太、白香蕉等，采后裸放几天果实便很快干梗、脱粒。据吕昌文、修德仁等观察（1993 年），属于欧美杂种的巨峰品种，从外部结构看，穗轴及果柄较粗，但果刷小，果梗上皮孔大而多；而属欧洲种大粒品种的红宝石，则果刷大、皮孔相对稀而小（表 10）。众所周知，采后葡萄果实的水分损失，大部分是从果梗、穗轴处蒸发掉的。因此，巨峰品种采后极易失水，造成干梗；红宝石等则有较强的耐干燥能力。

表 10　不同葡萄品种解剖学特征与采后失水率

品种	纵剖面积（平方厘米）			皮　孔		贮 45 天果梗失水率[2]（%）
	果刷[1]	果粒	比值	密度（个/平方厘米）	直径（毫米）	
巨峰	0.12	5.13	2.26	46.44	9.73	57.40
龙眼	0.24	3.38	6.19	23.96	7.31	17.80
红宝石	0.21	4.83	4.35	31.25	6.71	15.30

1）果刷面积：按测定时果粒拉出的表面组织剖面计算，包括微管束及其粘连的果肉；

2）采后用 0.018 毫米 PE 膜包装

尽管美洲种或欧美杂种品种的果实普遍有较厚的果皮，这对提高果实在贮运过程中的耐压力无疑是有利的。但果实的耐压力和耐拉力更与果肉质地有密切关系。果肉脆的品种多属于欧洲品种，如乍娜、意大利、粉红葡萄、红宝石、红地球、秋黑等，特别是其中果皮较厚、成熟较晚的品种，一般耐运性较强。美洲品种经与欧洲种脆肉型品种多次杂交，获得了一些肉囊硬肉型品种，如巨峰、黑奥林、先峰、伊豆锦、巨玫瑰、翠峰等，它们比美洲种或欧美杂种软肉多汁类型如：康拜尔、白香蕉、红富士、红伊豆、龙宝等品种更耐贮运；但因这些品种采后生理特性与欧洲种有较大差异，贮藏中必须针对其各自特点确定适宜的贮藏方法。

据测定，巨峰品种采后的头几天（0～7 天），在常温（20℃）条件下的呼吸强度较红宝石高2. 7～8. 2 倍，较龙眼高2. 2～6. 6 倍。采后巨峰品种耐拉力（443. 3 克）较龙眼（336. 8 克）高 106. 5 克；贮藏 3 个月后巨峰耐拉力降至 234. 4 克，龙眼保持在 326. 7 克，即贮后巨峰耐拉力下降 47. 1%，而龙眼仅下降 2. 9%。值得注意的是不同种类和品种的葡萄对二氧化硫的敏感性差异很大。据高海燕、张华云等测定（1999，2000），10 个葡萄品种在常温下对二氧化硫伤害阈值不同（表 4-11），欧洲种脆肉类的瑞比尔、红宝石、红地球、无核白鸡心、马奶葡萄等，对二氧化硫极敏感；玫瑰香、龙眼、巨峰对二氧化硫不敏感。因此，在贮藏过程中，必须根据其特点采用不同类型、不同剂量的保鲜剂处理。

表 11　葡萄不同品种在常温下受二氧化硫的伤害阈值

品种	瑞比尔	红宝石	红地球	无核白鸡心	马奶	巨峰	玫瑰香	意大利	龙眼	秋黑
伤害阈值〔μl/(L-h)〕	200	200	500	600	900	5 000	7 500	7 500	7 500	12 000

葡萄表皮蜡质层是葡萄与外界接触的屏障，具有阻止病菌侵入、减少外界不良因素影响的作用。因此，蜡质层结构直接影响果实的耐藏性及对二氧化硫的敏感性。在贮藏中对 SO_2 敏感、果面上易发生漂白斑点的红地球葡萄果实，其表面蜡质排列松散，蜡质以大而不规则片状结构存在，片与片之间有较大的空隙。而

较耐 SO_2 的龙眼、巨峰、玫瑰香葡萄，其表面结构紧密，空隙小而少。果皮的结构不但与果实耐 SO_2 程度有关，而且直接影响葡萄的耐贮性。果皮较厚、韧性强、果粉多、蜡质层厚的品种，其在贮藏或运输期间不易失水，不易碰伤、压伤，如粉红葡萄、红地球、红宝石等欧洲品种，以及巨峰、黑奥林、密尔紫等欧美杂种品种。相反，果皮薄、脆、果粉薄的品种，在贮藏或运输过程中易碰伤、易失水，如果查马特、牛奶、新疆的木纳格、红葡萄即属不耐贮运的品种，在贮运中必须有较好的包装与衬垫，并轻采轻放。

果梗、穗轴的组织结构以及果刷大小也影响贮藏性。果梗、穗轴易木质化、粗壮、被覆一层蜡质的葡萄果实，无疑是有利于贮运的特征。而果梗、穗轴脆嫩的品种，在贮运中极易从该处折断或失水，这类品种果穗梗一般对贮运中所用的防腐保鲜剂的忍耐力也较差，极易产生果梗药害，牛奶、里查马特即属这类品种。龙眼品种则有较长的果刷，并与果肉内的维管束紧密联接，故可明显提高果实的固着力不易落粒。牛奶、里查马特等品种，果刷极小，刚采收的果实在其果粒与果蒂脱开处几乎看不见果刷，这类品种虽然果实果肉紧密，但在贮藏、运输中常易引起脱粒。

通常晚熟、极晚熟葡萄品种比早、中熟品种耐贮藏与运输。在北方地区，晚熟、极晚熟品种的采收期均在晚秋，已接近早霜来临之时，果实的呼吸强度、酶的活性都已十分脆弱。即便在常温条件下采收后也有较长的鲜贮期。这类品种通常果皮厚韧，穗轴、果梗含蜡质，果实含糖量较高。据修德仁在辽宁兴城观察，粉红葡萄采收后（9 月下旬），裸露存放在北屋室内 1 个月，果梗仍脆绿，果皮不皱缩。在生产中广泛用于贮藏的晚熟、极晚熟欧洲种的品种有：龙眼、玫瑰香、甲斐路、红宝石、粉红太妃、和田红葡萄、意大利等。近年从美国、日本等国引进的红地球、秋黑、秋红、利比尔等已显露较好的耐贮运特性，已引起北方各产区广泛关注。木纳格、牛奶、里查马特等晚熟脆肉型品种，由于外型美观、果肉细腻、甜脆可口，很受消费者欢迎。尽管这类品种有果皮薄，果梗脆嫩的不足，但采用小包装加衬垫，精细采收，新疆、河北张家口等产地货品已进入我国东南沿海和东北大城市的鲜果市场，显露出较强的市场竞争力。

在生产中广泛应用或有发展前景的适合贮藏保鲜的欧美杂种晚熟、极晚熟品种有：黑奥林、夕阳红、巨峰、先峰、京优、巨玫瑰、安艺皇后、高妻、翠峰等。这些品种抗病性较强，果粒硕大，食用时果皮与果肉易剥离，在日本及我国东部湿润、半湿润地区仍为主栽鲜食品种。应针对这类品种的生理特点，研究解决针对性的贮运保鲜技术仍有重要的经济意义。

2. 栽培技术与贮藏

贮藏优质的葡萄才能获得好的贮藏效果。优质的栽培技术对葡萄贮运保鲜有着至关重要的影响，不良的栽培条件会导致贮藏失败。如贮藏期间出现裂果、干梗，果梗及果粒受药剂伤害，果实腐烂、脱粒等，都与栽培措施不当有关。

（1）果实负载量　从产量过高的葡萄园采收的葡萄用于贮藏，其贮藏效果不佳，甚至招致失败。在南方巨峰高产园常常发现有不上色的葡萄“绿熟”现象，在北方则有“赤熟”现象。此现象在巨峰及巨峰群品种则表现为：上色差，含糖量低，采收时果粒皱缩，果肉软化无弹性，甚至落粒。龙眼品种表现为果穗下部果粒变软，含糖低酸度高，出现果粒“软尖”。玫瑰香则出现果实“水灌子”。据对不同品质的龙眼果实贮藏性状的调查，果实含糖量低于13%的高产株葡萄，几乎失去了商品贮藏价值。1995年，北方出现冷夏天气，对积温本来就不足的河北省怀来、涿鹿龙眼葡萄产区，高产负载大，无疑是雪上加霜，多数龙眼葡萄贮藏户不得不在新年前后将贮藏果抛售，个别销售延迟的贮户，货品中漂白果粒高达30.96%以上，烂粒、脱粒也较重，几乎失去了商品价值。

据辽宁北宁董凤香等（1994），连续3年对产量相对较低的优质园的葡萄和高产园巨峰品种贮藏效果的调查表明（表12），适当降低亩产量，保证果实质量，是搞好葡萄贮藏的重要保证条件。用优质果贮藏不仅好果率高，而且贮藏期也明显延长。据北宁市经验，高产巨峰园的果实只能贮藏3～4个月，而优质园的果实可贮藏5～7个月。

表12　巨峰果实田间负载量与贮藏效果调查

年份	亩产（千克）	粒重（克）	可溶性固性物（%）	贮藏120天（%）		
				损耗率	果梗保绿率	好果率
1991	1 750	11.5	16.9	4.9	80.0	95.0
	2 450	9.8	15.1	15.0	76.0	85.0
1992	1 745	11.9	17.2	5.2	92.0	94.8
	2 585	9.2	15.0	13.0	73.0	87.0
1993	1 740	12.1	17.0	8.0	95.0	92.0
	2 820	9.5	14.5	1.80	82.0	82.0

（2）肥水管理　科学施肥是保证葡萄正常生长的关键。在葡萄生长过程中应注意增施有机肥和合理施用化肥。只有在适宜营养条件下生长的葡萄，才有优良的品质、耐贮藏和运输，否则果实易出现采后生理失调。氮肥是保证葡萄产量的重要元素，但过量施用氮肥会造成葡萄颜色差，使采后的葡萄呼吸强度大、代谢旺盛，在贮藏过程中糖酸含量及硬度下降快，加快葡萄果实的衰老。葡萄是嗜“钾素植物”，浆果上色始期追施硫酸钾、草木灰或根外追施磷酸二氢钾（0.1%～0.3%），可使果粒饱满、风味好、果梗鲜绿，有利于果实增糖、增色和提高果实品质，果实贮藏效果好。在此时期如追施尿素，果实在贮藏中果粒约50%以上失水变软、果梗大部分变褐，且腐烂率高。磷、钾充足能促进果实成熟度一致、着色早、果表粉层充分形成、果实含糖量高。据大量试验的结果，上色始期追施钾肥，可提高果实含糖量0.5%～1.5%。据辽宁省北宁市果树局的调查，以秋施有机肥为

主，并在着色期每亩追施硫酸钾 25 千克，混施2 000千克有机肥，全年各次追肥以复合肥为主，则浆果含糖量比氮肥为主的葡萄园高 2.5 度，并明显提高巨峰葡萄的果肉硬度，延长贮期 1 个月左右。辽宁铁岭市王文选的巨峰葡萄园不施氮素化肥，只施酵素菌肥、有机肥、绿肥，并严格控产、整穗，每穗 30 粒左右，秋季采收时果肉含糖量达 18% 以上，贮期延长，售价较普通巨峰高 3 倍。

与苹果、梨等果实相比，葡萄浆果在成熟时缺钙情况更加突出。钙元素对果实品质和耐贮性的影响颇受人们的关注。钙能抑制果实贮藏期的呼吸作用，推迟果实衰老，保持细胞结构完整性，由此可提高果实对低温、不良气体成分和其他逆境的适应性，钙还能够抑制某些生理病害的发生。

为了贮藏的需要，在浆果采收前专门对果实进行喷钙很有必要。吕昌文（1990）用 0.5%、1.0%、1.5% 硝酸钙溶液在采果前喷施粉红太妃和龙眼葡萄品种的果穗。结果表明各处理均能提高葡萄的耐藏力，以晚期喷施 1.5% 浓度硝酸钙的综合效果较好，葡萄损耗率分别减少 76.2% 和 64.3%。钙处理还能降低粉红太妃葡萄的 SO_2 伤害率。有研究表明，采前 30 天对葡萄喷施 1.2% 的氯化钙，能够明显提高玫瑰香和意大利葡萄的耐贮性。

土壤水分的供给对葡萄的生长、发育、品质及耐贮性有重要的影响。用于贮藏的葡萄，生长期应避免灌水太多，避免葡萄含水量太高使耐贮性下降。在多雨年份，因叶片蒸腾率小，根系吸水又多，促使果肉细胞迅速膨大，并引起葡萄裂果。

葡萄采前灌水，会增加葡萄的含水量，并有利病菌侵染。葡萄采收时还易受到机械伤。因此，贮藏用的葡萄要求采前一周不灌水。据辽宁省北宁市田素华的调查（1990），采果前半月内灌水，会明显缩短贮藏期，并增加损耗率。李喜宏 1994 年对辽宁海城某冷库的调查表明，采前涝害会使巨峰葡萄贮藏期大量裂果，使果粒及果梗抗 SO_2 的能力显著下降。据修德仁观察，浆果花后的坐果期及浆果第一次生长发育期受干旱，后期灌溉过多或后期多雨，则会导致贮藏果出现裂果现象。因此，栽培者要做到合理灌水，特别要注意萌芽到浆果硬核期土壤水分的均衡。若后期雨水偏多，要注意排涝，控制灌水，可明显缓解贮藏期出现的裂果现象。

(3) 与贮藏有关的树上管理措施

①修剪与整形对葡萄贮藏性的影响：修剪可调节果树各部分的生长平衡，使果实获得足够的营养。因此，修剪也间接地影响果实的耐贮性。

疏花疏果和摘心的目的也是为了保证叶、果比例适当，调整营养生长与结果的关系，以保证果粒增大和品质优良。一般说来，每个果实平均分得的叶片数多，果实含糖量就会高一些，其耐贮性会得到增强。

据修德仁 1987 年对山东葡萄园乍娜品种的调查，在相同产量水平条件下，花前不及时摘心，会导致果皮细胞与果肉细胞的分裂速度不均衡，并引起严重裂果。据辽宁北宁果树局经验，花前对巨峰品种结果枝新梢留 2 叶及早摘心重摘心，花期前后控制副梢生长，坐果后再促放副梢叶片，使每个结果新梢形成多级的叶片营养团，则不仅坐果好、果穗紧凑，而且果实含糖量较长留枝轻摘心单株的葡萄果实含糖量的提高 0.5～2.0 度，且上色深而均匀，耐贮性明显提高。通过整形与修剪，可保证树势中庸健壮，架面通风透光，也是栽培上十分重要的技术措施。生长势过旺、架面郁蔽的葡萄园采摘的葡萄不耐贮藏。

②套袋对葡萄贮藏性的影响：果穗套袋对减少农药污染、改善果实的外观品质，为大众所公认。套袋能提高和延长贮藏期的直接原因是，果实自坐果套袋后，阻隔了田间各种病菌对果实的污染。并在入贮后明显减少了携带的田间病菌量。一般说来，很多田间病害也是低温贮藏期病害，如灰霉病、炭疽病等。有些病菌在田间为害时通常不为害果实，如霜霉病是以后期为害叶片为

主。但在贮藏条件下，生长后期叶片霜霉病较重的葡萄园，其入贮果实上常常潜伏大量的病菌，导致入贮后果梗干枯。套袋果穗则可减轻霜霉病等田间的为害，对根霉、青霉等贮藏病菌有相当程度的阻隔作用。据修德仁对套袋巨峰与不套袋巨峰葡萄贮藏120天后，放在10℃左右条件下观察（封袋并有保鲜药剂），不套袋果1周后开始出现大量霉变腐烂，而套袋里要过15天后才开始出现霉变和轻微的腐烂，且霉变部位始于套袋口的穗梗，发病速度较为缓慢。

套袋果不仅在田间有减轻和预防裂果的作用，入贮后还因果皮韧性增强，贮藏期裂果相对较轻。辽宁省铁岭王文选认为，因2000年葡萄在生长期遇到了长期干旱，果实成熟期又遇几场雨，辽宁巨峰葡萄在采收期及入贮后普遍出现裂果，而套袋果无论在采收时还是在入贮后几乎没有裂果。

一般认为，套袋会影响果实的增糖。但若葡萄袋透光较多，则对葡萄增糖影响不大。在气候冷凉的地区，套袋还能明显促进果实成熟，改善果穗微气候环境中的温度状况，因而对降低果实内的酸度有明显效果。

套袋还能显著提高果皮对光的反应敏感度，在揭袋后，果实花青苷合成更迅速。通常在葡萄揭袋后10～15天，果实着色程度即超过对照果，而且上色均匀、色泽鲜亮。

因此，果实套袋可防病，减少田间带菌量，提高贮藏效果。套袋果实还因果面光洁鲜亮，可明显提高采收期及贮藏后货品售价。日本葡萄产区在生长期多雨，几乎所有的鲜食葡萄都要在坐果后套袋。目前，我国南方多雨区及辽宁省葡萄产区也兴起了葡萄套袋热，这对提高葡萄品质，生产绿色食品，提高贮藏效果，增加农民收入，是十分有益的一项技术措施，值得大力提倡。

（4）生长调节剂对葡萄品质和贮藏的影响　近年来，随着葡萄产量提高，葡萄色泽却越来越差，栽培者普遍使用催色素（乙烯利等），以此弥补内在品质的不足。据国家农产品保鲜工程技术研究中心（天津）1998 年对巨峰主产区辽宁的调查，巨峰葡萄生长过程中催色素的应用普及程度达 50% 以上。乙烯利是促进果实成熟和衰老的重要激素，它将导致葡萄穗轴、果实衰老变黄、果肉变软和果粒脱落。采前催色素用量浓度愈大、次数愈多，距采收的时间愈近，对葡萄的贮藏品质影响愈大，落粒愈严重（表 13）。

表 13　采前激素处理对巨峰葡萄贮藏的影响

（张华云、修德仁，1998）

催色素浓度（倍数）	用药次数	用药时间（月-日）	贮后浆果落粒数（%）
2 500	1	7-5	5.6
3 000	1	8-17	6.7
7 000	2	8-5　8-20	6.5
750 ~ 1 250	5	7 月初开始用药	50.0
对照	—	—	0.1

在辽宁省辽阳市等地，近年推广用赤霉素等激素诱导巨峰无核化。据 1997 年对巨峰无核果和对照果的贮藏试验，无核化巨峰果果刷普遍变小，贮藏中易脱粒。

3. 气候因素对葡萄贮藏品质的影响

（1）温度　在北方冷凉地区，葡萄生长季节温度高，果实中可溶性固形物含量高。但夏季温度偏低，常会造成北方地区极晚熟品种不能充分成熟或含糖量下降，影响葡萄的长期贮藏。

采前果实生长期的温度情况，还直接影响田间病原物的生长繁殖。采前气温低时病原微生物一般处于不活动状态，带进贮藏包装箱内的微生物数量也少。就早期侵染而言，冬季温暖则增加越冬病原物数量；若生长季多雨湿润，则将引起严重的潜伏侵染。通常在田间病害严重的年份，葡萄冬季贮藏效果不好。

（2）降雨量　降雨会增加土壤和空气的湿度，并减少了葡萄受光照时间，这对葡萄果实的化学成分和组织结构是有影响的，对病菌的生长繁殖也有影响。因为高湿对病原菌的侵入有利，有液体水滴更易侵染。因此，葡萄生长过程中的雨量对采前的潜伏侵染程度及采后葡萄的发病率影响非常大。如果采前雨量大或降雨时数增加，葡萄采后贮藏过程中的发病率将增加。一般来讲，果实成熟期，特别是采前一个月的降雨将成为影响葡萄采后腐烂率的重要因素。

葡萄贮藏过程中青霉和根霉等病原菌通过采后果实表面的伤口侵入葡萄而引起腐烂，但此类病害在一定程度上也受到气候的影响，一是温暖湿润环境条件下病原菌数量增多，二是在温暖湿润的环境条件下果品表皮脆嫩，极易受外力的伤害。

葡萄生长过程中降雨量不均匀对葡萄品质也有影响，前期干燥抑制果实的生长，后期降雨骤然增多将会造成采前和采后贮藏过程中葡萄大量裂果。

（3）光照　光照不足影响葡萄光合作用，并影响碳水化合物的合成和果皮蜡质层的形成，也影响果梗、穗轴的木质化。因此，光照不足的年份、地区或生长在背阴面的葡萄，果实含糖量低，在贮藏过程中品质下降快、抗病能力差。

张华云、修德仁等对1996～1999年北宁市、盖州市气候因子与葡萄贮藏品质的关系进行了分析，结果表明，气候条件是影响葡萄品质最为关键的因素。由于1998年浆果生长发育与成熟期降雨量大、有效积温低、日照时数小，导致浆果着色差、糖分积累少及穗轴木质化程度低，致使葡萄带菌量大，采后贮藏的葡萄腐烂率高，浆果风味淡，果梗易变黄、变枯（表14）。

表14　北宁市1998～1999年葡萄贮藏品质比较

年份	可溶性固形物（%）	霉变率（%）	落粒率（%）	漂白率（%）	裂果率（%）	穗轴色泽	穗轴失水率（%）
1998	13.7	6.9	7.5	7.0	2.4	黄	7.3
1999	16.9	0	2.9	1.4	0.1	绿	4.2

1998 年北宁市浆果品质及贮藏效果比 1999 年的差，主要原因是 1998 年降雨量大以及生长期的日照时数比 1999 年少。1998 年，北宁市葡萄贮户中有 1/3 贮户的葡萄贮藏效果不好。所以，在遇到不利气候条件的年份，贮藏户应严格挑选好的葡萄园，精心采摘优质葡萄入贮，这是获得葡萄贮藏成功的重要措施。依据葡萄贮藏与采前气候因素，对每年葡萄贮藏及应采取的技术措施应当进行预报，即及时发布有关葡萄贮藏的气候预报，并将引起人们的关注。

4. 病虫害防治

葡萄园中的病害也会成为贮藏中的病害，如霜霉病、灰霉病等。霜霉病主要为害葡萄叶片，也为害果实。在巨峰葡萄贮藏中发现，若采收时叶片上有较重的霜霉病，则果穗上虽看不见霜霉病为害症状，但病菌已侵染或潜伏在果梗上，会在贮藏中出现干梗，并导致脱粒。因此，必须加强葡萄园霜霉病的防治。

灰霉病于花前开始为害花序，果实成熟期又为害成熟果实，特别是在裂果上或其他果实伤口常可见到灰霉菌。此菌在 0℃贮藏条件下仍能生长，所以是一种严重的贮藏病害。据观察，贮藏葡萄中带有田间炭疽病、白腐病、房枯病等的果穗，在贮藏期间，特别是在冷库温度偏高的贮藏前期，也会引起果实腐烂。

五、葡萄采收、商品化处理及运输保鲜

（一）采　　收

1. 葡萄成熟度的确定

采收是葡萄生产的最后一个环节，也是贮藏保鲜的第一个环节。葡萄采收成熟度涉及产量、品质及贮藏性。采收过早，不仅影响果粒的大小，也影响风味、品质和色泽，使贮藏性下降。采收过晚，则葡萄后熟和衰老，贮藏中易脱粒、风味易变化、贮藏期缩短。

葡萄采收成熟度要依据浆果可溶性固形物含量及糖酸比作为成熟度指标。有色品种的着色程度，也作为判断成熟度的指标之一。不同栽培地区、不同葡萄品种成熟度指标有差异。

果实成熟过程中的变化是：果实体积重量停止增长，果色达到品种特有的颜色，果皮角质层及果粉增厚，果实含糖量增加。清淡型品种如牛奶、乍娜、里查马特等含糖量为 14% ~16%，含酸量0.4% ~0.6%；一般品种如巨峰、龙眼、玫瑰香含糖量为16% ~19%，含酸量0.6% ~0.8%，这样的葡萄不仅品质好，而且也耐贮。从穗梗、穗轴特征上看，果实进入成熟期以后，穗梗、穗轴逐渐半木质化至木质化，色泽由绿变褐，蜡质层增厚。除牛奶等品种穗梗在成熟时仍较脆绿外，大多数品种在成熟期穗梗色泽仍为青绿色，则表明成熟不良，或是采期未到，或是产量过高，此类果实均不耐贮藏。

日本第一主栽葡萄品种是巨峰。该品种采收时糖度标准为

17度以上，果色为蓝黑色。日本科研人员经多年研究，将该品种成熟度以色卡形式表示，即巨峰葡萄从开始上色后分为黄绿—浅红—红—紫红—红紫—紫—黑紫—紫黑—黑—蓝黑，共分10个色级。日本栽培葡萄都要疏花疏果，不论什么品种都在花期前后修整成圆柱形。具体做法是：除去花序上部的大分枝，保留花序中下段的小分枝，以求获得穗形整齐、大小均衡的果穗，果穗重为350~500克，果粒重11~13克。

如上所述，供贮藏的葡萄采收时要求葡萄充分成熟。据辽宁锦西刘更秋的龙眼土窖贮藏经验，为充分发挥自然冷源的作用，要使入贮时土窖温度尽可能低些，适当延迟采收是可行的措施。据刘更秋的经验，在庭院大棚架栽培条件下，葡萄经受轻度早霜后，（以棚架上层叶受霜害萎蔫，下层老叶正常为准），棚架气温不低于-1℃时，为龙眼葡萄最适采收期。延迟采收供贮藏的葡萄，多是针对土窖条件和欧洲种极晚熟品种时的措施。

对欧美杂种品种，一般认为贮藏用的葡萄不宜过迟采收。据修德仁等1995年10月份对日本的考察报告，延迟采收在日本十分普遍，这是延长鲜果供应期值得借鉴的举措（表15）。

表15　不同采收期的巨峰果粒大小及色泽变化

（单位：毫米）

月-日	7-29	8-1	5	12	16	18	27	9-1	9	16	23	10-3
色度	0.1	0.7	2.5	4.7	6.0	7.9	9.1	9.8	10.0	9.5	10.0	10.4
果实纵径	22.9	23.2	23.9	25.4	26.0	26.2	26.8	27.0	27.1	27.3	27.3	27.6
果实横径	21.0	21.7	22.7	24.1	24.5	24.7	25.6	25.1	25.2	25.3	25.4	25.4

从表15可见，巨峰葡萄在日本长野县充分成熟期应是9月上旬。若采收后立即投放市场，过迟采收是可行的；但从贮藏角度看，欧美杂种葡萄品种过迟采收，会明显缩短贮藏期，而对中短期贮藏无明显影响。据日本长野县的经验，充分成熟的果实（9月上旬采收）与运输果实（1月上旬），贮藏2~3个月后分

别检查，其鲜度指数无明显差异。这与我国普遍早采收、早贮藏的习惯形成鲜明对比，值得思考。

红地球葡萄是我国仅次于巨峰的贮藏品种，是极晚熟品种。在我国北方地区的采收期，一般是在 9 月下旬至 10 月上旬。采收时的质量指标应为果实色泽为鲜红色、果粒重 12 克以上或横径 26 毫米，果实可溶性固形物在 16 度以上。

2. 采收

葡萄果实鲜嫩多汁，采收过程中易被碰、压、破、擦皮及落粒等，并会促使葡萄贮藏过程中的腐烂。另外，葡萄属非跃变型呼吸作用水果，有相对低的生理活性。但是，随着采收葡萄的失水，易造成果梗干枯、褐变、掉粒和果粒皱缩。浆果表面的果粉是影响葡萄外观品质的重要因素，因此在采收中以及采后的加工处理过程中都应仔细认真。

采收方法：葡萄采收的方法有手工采收和机械采收。无论是国内还是国外，机械采收都不适合鲜食葡萄采收，仅用于酿酒葡萄采收。用于贮藏的鲜食葡萄都采用手工的方法。具体做法是在采收时，用一只手托住葡萄，另一只手用剪刀将葡萄从藤上剪下。剪下的果穗可采用以下 2 种方法装箱。一种方法是直接修整装箱，左手提起葡萄穗，轻轻转动，剪掉腐烂、有病的、不成熟、畸形的果粒，装入内衬葡萄专用保鲜袋的保鲜箱中。修整时要注意剪刀不伤及其他葡萄粒；另外生产上也有用右手摘去病果、虫果、不成熟的果粒的方法，此方法虽然简单却会残留下果液及果刷，在贮藏过程中易发霉并增加其他果实的腐烂率和伤及周围的果粒。另一种方法是采后集中修整装箱，剪下的葡萄先放入篮子或筐里，篮子或筐中要放布、纸或其他的柔软物品，防止葡萄受到摩擦或划伤，并在葡萄园中选择遮阴通风处的地上铺干净的薄膜作为葡萄集中修整装箱场地。

3. 采收时的注意事项

(1) *尽量避免机械伤口，减少病原微生物入侵之门*　伤口是导致葡萄腐烂的最主要原因。自然环境中有许多致病微生物，绝大数是通过伤口侵入。此外伤口可不同程度地刺激葡萄呼吸作用增强，一方面使葡萄袋中的湿度更高，另一方面促使保鲜剂的释放速度加快，不利贮藏。

（2）选择适宜的采收天气　阴雨天气、露水未干或浓雾时采收，容易造成机械损伤，加上果实表面潮湿，有利微生物侵染。但在高温天气的中午和午后采收，因果实体温高，其呼吸、蒸腾作用旺盛也不利贮藏。所以，应选择晴朗的天气采收葡萄，选择在露水干后的上午及下午15时以后采收最好。降雨时应延迟采收，至少推迟一周左右采收。

（3）选择松紧度适宜的紧凑果穗　过紧的果穗在贮藏中因果穗中心部位湿度大、温度高，易出现霉菌侵染所致“烂心”现象；过松的果穗，易出现失水干梗现象。因此，要求果粒及果穗大小均匀，上色均匀，充分成熟；凡穗形不整齐，果粒大小不均匀的果穗，不能作贮藏果。

（4）分期采收　同一棵葡萄上的果穗成熟度不同，为了保证葡萄的品质和入库后葡萄快速降温，应分期分批采收。

（5）下列葡萄不能入贮　①凡高产园、氮素化肥施用过多、成熟不充分的葡萄，以及含糖量低于14%（可溶性固形物15%以下）的葡萄和有软尖、有水罐病的葡萄；②采前灌水或遇大雨采摘的葡萄；③灰霉病、霜霉病及其他果穗病较重的葡萄园的果穗；④遭受霜冻、水涝、风灾、雹灾等自然灾害的葡萄。⑤成熟期使用乙烯利促熟的葡萄。

（二）葡萄的分级

1. 分级的目的和意义

果蔬采收以后，应该经过一系列商品化处理再进入流通环节。

分级的目的和意义在于：①实现优质优价；②满足不同用途的需要；③减少损耗；④便于包装、运输与贮藏；⑤提高产品市场竞争力。

2. 葡萄分级标准

葡萄的分级标准主要项目是：果粒大小、果穗整齐度、果穗形状、果形、色泽、可溶性固形物含量、总酸含量、机械伤、药害、病害、裂果等。目前由农业部制定、中国农科院郑州果树所起草的“鲜食葡萄”行业标准，对所有等级果穗的基本要求是：果穗完整、洁净、无病虫害、无异味、不带有不正常的外来水分、细心采收、果穗充分发育、果梗发育良好并健壮、果梗不干燥、不变脆、不发霉、不腐烂。对果粒的基本要求是：果型好、充分发育、有适合市场或贮存要求的成熟度、果粒不散落、果蒂部不皱皮。日本对巨峰葡萄的质量标准是：每个果穗以400克左右为宜，变化幅度为300～500克。巨峰果实质量分级以果粒大小为标准，其前提是无论任何等级的巨峰果，必须达到如下基本标准：果实含糖量在16%以上，果皮色泽达到蓝黑色；在此基础上，凡13克以上的大果粒果穗为特级果，通常用1千克装的小盒精细包装；12克果粒为1级果；11克左右的果粒为统货果品。日本对玫瑰香露采收分级标准是：以果穗大小分级，符合该品种小粒型品种特点，花期前后均经赤霉素处理，实现无核化，果粒差异较小，要求无论大穗、小穗糖度要达到19度，含酸量以pH值表示，pH值3以上才能采收，其质量分级标准见表16。

表16　日本山形县的玫瑰香露葡萄采收分级标准

级别	2LA	2L	L	H
果穗大小（克）	340以上	270～340	230～270	230以下
穗数/2千克箱	5	6	8	10

当前，我国果品已经进入“品质时代”，研究和制定与国际接轨的葡萄产品质量标准，是推动我国水果走出国门，走向高档

市场的关键。

（三）包　装

1. 包装的作用

葡萄果实含水量高，果皮保护组织性能差，容易受机械损伤和微生物侵染。因此，葡萄采后易腐烂，降低商品价值和食用品质。

良好的包装可以保证产品安全运输和贮藏，减少货品之间的摩擦、碰撞和挤压，避免造成机械伤，防止产品受到尘土和微生物等不利因素的污染，减少病虫害的蔓延和水分蒸发，减缓因外界温度剧烈变化引起的货品损失。包装可以使葡萄在流通中保持良好的质量稳定性，提高商品率和卫生质量。合理的包装有利于葡萄货品标准化，有利于仓贮工作机械化操作和减轻劳动强度，有利于充分利用仓贮空间和合理堆码。今后，单层包装箱和单果穗包装是鲜食葡萄包装的发展方向。

2. 包装容器的要求

包装容器应具备可靠的保护性，在装卸、运输和堆码过程中有足够的机械强度；有一定的通透性以利于产品散热及气体交换；有一定的防潮性，防止吸水变形，从而避免包装的机械强度降低引起的产品腐烂。包装容器还应该清洁、无污染、无异味、无有害化学物质；内壁光滑、卫生、美观；重量轻、成本低、便于取材、易于回收及处理等特点；包装容器外面应注明商标、品名、等级、重量、产地、特定标志及包装日期。

3. 葡萄包装种类和规格

目前葡萄包装的种类很多，其市场上常见种类见表17。泡沫箱是近年我国刚刚兴起的葡萄包装方式，它具有保温性能好、缓冲性能好，比较适合运输保鲜用。另外由于其美观大方，在消费者心目中它是高档果的包装容器，因此发展较快。其保温性能虽好，但贮藏过程中前期易出现箱中果温高的现象，这是很多冷库用泡沫包装箱贮藏红地球葡萄失败的主要原因之一。这种包装箱用于运输保鲜时，其箱上应打孔，以利于葡萄产生的呼吸热迅速散出。泡沫箱和木条箱以及塑料箱普遍存在不能折叠、仓贮麻烦的问题。纸箱则有其他包装容器所没有的优点——可以折叠，便于管理，便于运输。纸箱还具有一定的缓冲性，有抵抗外来冲击保护葡萄的作用，可以印刷标志，表示商品的内含物，可起到广告的作用。木条箱和塑料箱耐压力强、透气也好，但缓冲性稍差，箱中的葡萄在运输或搬运过程中易发生机械伤。木箱美观度差，这种包装只适合于低档果品的包装。

表 17　市场上葡萄包装箱种类

种类	性能	单个箱成本价（元）
泡沫箱	保温性好，缓冲性好	2.5 ~ 3
纸箱	易折叠好保管、重量轻、可印刷	2.5 ~ 3
塑料箱	透气好、耐压强	2.1
木条箱	透气好、耐压强	2.1

王善广等（1999）用聚苯乙烯泡沫箱和纸箱在同样的条件下运输红地球和秋黑葡萄，先将葡萄预冷到0℃，在外界温度为18 ~ 25℃的条件下用汽车进行保温运输，7 天后聚苯乙烯泡沫箱中的温度比纸箱内的温度低 3 ~ 5℃，而且泡沫箱表现较好的耐压能力，因此，其运输保鲜效果明显好于纸箱（见表 18）。

表 18　不同包装箱对葡萄运输质量的影响　（好果率%）

种类	红地球葡萄	秋黑	马奶	玫瑰香
纸箱	98.76	97.85	88.00	87.52
聚苯乙烯泡沫箱	99.86	99.65	90.82	89.98

20 世纪 80 年代前，我国葡萄包装以筐装为主，大筐 25 千克以上，中等筐 20 千克左右。此后普遍改用纸箱包装，一般为

多层包装箱，内装葡萄10千克左右。到了20世纪90年代，单层包装箱开始用于葡萄包装，如张家口地区的牛奶葡萄包装就用了单装箱。现将笔者在1995年日本考察时收集的几种包装箱规格列于表19。

表19 日本几种葡萄包装箱的规格1)

产地	山形赤汤	山梨田川农协	山梨铃木园	山形船山园	盐尻农协	日本农协
品种	—	甲州	高尾	—	巨峰	巨峰
箱类型	共选	—	高级	高级	手提式	高级
箱长(厘米)	50(47.4)	39.7(38.0)	34.0(30.0)	32.0(31.5)	23.0(22.6)	21.4(19.4)
箱宽(厘米)	33(31.3)	27.3(26.0)	22.8(21.4)	22.5(22.0)	17.0(16.7)	15.3(14.1)
箱高(厘米)	13(12.4)	10.9(10.3)	11.5(10.9)	9.8(9.4)	20.9(19.7)	8.5(8.3)
净果重(千克)	—	4	2	—	—	1

1) 规格数字指：外径（内径）

日本上市的葡萄均进行过严格的整穗，故单层摆放葡萄的包装箱箱高不超过13厘米（内径）。我国在参照日本的包装标准时，将箱高适当增至13～15厘米。20世纪70年代末，河北省怀来县龙眼葡萄的扁形小木箱为（内径厘米）41.2×29.7×13，净重4.5千克。目前，辽宁省贮藏巨峰葡萄的板条箱规格（厘米）是35×25×15，净重5千克。

4. 包装方法与要求

（1）*装箱的方法*　采后的葡萄应立即装箱，集中装箱时应在冷凉环境中进行，避免风吹、日晒和雨淋。装箱后葡萄在箱内应该呈一定的排列形式，防止其在容器内滑动和相互碰撞，并使产品能通风透气，充分利用容器的空间。

目前葡萄装箱有3种方法：一种是穗梗朝上，每穗葡萄按顺序轻轻地摆放在箱内。这种方式操作方便，日本以单穗包装的葡萄在单层包装箱内的摆放，多属于这种装箱方式。另一种是整穗葡萄平放在箱内。还有一种是穗梗朝下。目前我国葡萄在箱内摆放大多采用后2种形式。在不进行整穗的情况下，葡萄穗形多以圆锥形为主，大小不齐，松散不一，此时只能采取平放或倒放的形式，采用双层或者一层半的包装箱。

（2）装箱量　要避免装箱量过满或过少造成损伤。装量过大时，葡萄相互挤压；过少时葡萄在运输过程中相互碰撞，因此，装量要适度。王善广对葡萄装箱量对运输质量的影响做过调查（1999），100%的装箱量，有利于葡萄的长途运输，85%的装箱量葡萄腐烂率明显增高（表20）。葡萄属于不耐压的水果，因此，包装时，包装容器内应加支撑物或衬垫物，以减少货品震动和碰撞。箱内衬垫物的有无，对防止果穗在搬运过程中的伤害十分重要。日本高档巨峰果包装是在小纸箱底部垫6毫米的软塑泡沫，再垫村一张软纸。山形县产的意大利葡萄每穗分别包装，用一个一面为韧性好的软纸，另一面为透明极好的塑膜做成的纸袋，将果穗轻轻放袋内，然后放入包装箱中。统货葡萄则直接用生长期葡萄套袋的纸袋为衬垫。美国在运输或贮藏硬肉型欧洲大粒葡萄时，箱内垫有新鲜锯末或细碎刨花。我国在包装方面做的不够理想，有待努力改进。包装物（含外包装、内包装、衬垫）的重量，应根据货品种类、搬运和操作方式而定，一般不超过总重的20% ±5%。

表20　葡萄装箱量不同对运输质量的影响　（好果率%）

装量	红地球葡萄	秋黑	马奶	玫瑰香
100%装箱量	99.86	99.65	90.82	89.98
85%装箱量	91.21	90.25	81.55	81.12

葡萄是对机械损伤较敏感的水果，不宜多次翻倒，否则会引起严重损伤和贮运过程中的腐烂。据辽宁省北宁市的经验，巨峰葡萄从树上采下后，应立即剪去病、残、伤果，放入衬有塑料膜的包装箱内。这个箱也就是贮后投放市场的包装箱，做到一次装箱入贮，不再翻倒，这是贮好葡萄的关键措施之一。另外，葡萄

货品包装和装卸时，应轻拿轻放，尽量避免机械损伤。

葡萄销售小包装可在批发或零售环节中进行，包装前剔除腐烂及受伤的货品。小包装销售应根据当地的消费需要选择透明薄膜袋、带孔塑料袋，也可放在塑料托盘或纸托盘上，外用透明薄膜包裹。销售包装袋上应标明重量、品名、价格和日期。销售小包装应具备美观、吸引顾客、便于携带并起到延长货架期的作用。

（四）预　冷

葡萄采收之后贮运之前，应采用一系列措施降低果品温度。尽快降到接近贮运温度的过程叫预冷。预冷的主要目的是降低果品的呼吸强度，散发果品在田间因阳光辐射而带有的田间热，果温降低，并散去果穗表面从田间带来的水分，以利运输和贮藏。预冷对于葡萄运输的贮藏必要性在于：①经过预冷后葡萄的呼吸强度、果胶酶等活性迅速降低，由此降低了果肉质地由脆变软的转化速度及减少葡萄的脱粒率。②经过预冷后迅速抑制葡萄穗轴和穗梗叶绿素分解由此保持了果梗的新鲜度。③采后迅速预冷能迅速抑制病原微生物所引起的腐烂。由于葡萄采后，穗上难免有机械伤，再加上高湿和较高的温度，为微生物的生长繁殖提供了良好条件，采后迅速预冷，则散去田间和呼吸产生的呼吸热以及水分，可抑制微生物的活动。在生产中经常可以看到，采后巨峰葡萄如果 24 小时不预冷，果面上有灰霉菌落。④预冷能减少葡萄与冷藏库或贮藏车之间的温差，防止果实表面或保鲜袋上出现结露。结露对葡萄运输与贮藏是非常不利的，一方面结露为病原微生物的生长繁殖提供了有利条件；另一方面露珠还增加了葡萄周围的湿度，使葡萄保鲜剂释放速度加快，使大量果实漂白，而后期药劲不足，出现葡萄大量腐烂的现象。葡萄运输与贮藏过程中最易发生的问题是结露，也是葡萄贮运是否成功的关键。因此，在贮藏过程中一定要注意防止结露。结露主要是由于果实周围的环境温度与冷库温度差造成的，温差越大，果实表面及果实袋或箱的结露越重。预冷是降低葡萄与冷库之间温差的一种有效措施，预冷是否彻底是关系到葡萄贮藏是否成功的第一步。检验预冷是否彻底的方法是观察封袋后葡萄袋上有无水滴出现。如果用保鲜袋贮藏葡萄，袋上有细小的雾珠，则表明预冷不彻底。但是，过度预冷对葡萄的贮藏也不利，会造成葡萄穗轴、穗梗以及果柄失水变黄，增加葡萄的重量损失。过度预冷还将降低葡萄的耐贮性。

葡萄预冷的速度由几方面所决定：①葡萄本身的初温。初温愈高，则预冷速度会愈慢，所以，葡萄采收时应选择一天中最凉爽时采收，采后的葡萄严禁在太阳光下暴晒，而应放在阴凉通风处，最好采后立即入库预冷。②包装方式。包装方式对葡萄预冷时间影响很大。目前葡萄贮藏一般采用木箱、纸箱、塑料箱、聚苯板泡沫箱等。其中木条箱和塑料箱的预冷速度最快，次之为纸板箱，聚苯板泡沫箱的预冷速度最慢。③预冷时的码垛方式。码垛后通风状况良好，则预冷速度快。④一次的入库量。入库量减少则产品预冷速度越快，因此，每次的入库量不宜太大。目前葡萄贮藏大部分采用微型冷库贮藏，预冷时每次入库量不能大于库容量的 10%。由于我国目前的预冷和贮藏库多数采用同一库房，因此，随着入库量的增加，每次入库预冷量应逐渐减少。第一次入库预冷时，由于是空库，因此可适当多放些需预冷的货品，而以冷库地面上摆 2 层葡萄为宜。当葡萄箱中温度降到 0℃ 左右时，即可放入保鲜剂，封袋，码垛贮藏。然后进行第二、三批……的预冷。后期每次预冷量的多少不但对本身的预冷速度有影响，而且还影响已预冷的葡萄，或造成库温波动。如果后期每次入库预冷量大，会造成库温迅速上升，从而造成封袋后的葡萄结露。⑤预冷时冷库的温度。这也是影响预冷速度的主要因素，冷库温度越低，预冷速度越快，但是要避免葡萄发生冻害。⑥预冷时空气的流速。流速越大预冷越快，因此，预冷时应将风机打开或在库房中加风扇以加速库房空气的流动。

1. 预冷的方式

果蔬预冷的方式有接触冰预冷、水预冷、真空预冷、强制冷风预冷、冷库预冷以及自然预冷。对葡萄来说，比较适合的是后3种预冷方式。

2. 强制冷风预冷

又称压差预冷。在预冷库内设冷墙，冷墙上开风孔，将装果实的容器堆码于预冷风孔两侧或面对风孔，堵塞除容器气眼以外的一切气路，用鼓风机推动冷墙内的冷空气，在容器两侧造成压力差，强迫冷空气经容器气眼通过果实，迅速带走果实体携带的热量。此法较普通冷库预冷的效率和所需制冷量高4～6倍。用于强迫冷风预冷的包装箱，必须有大于边板4%的通风气眼，并不设内包装，不加衬垫。设计强制冷风预冷系统，应在冷风进口端的果实中安置温度测定仪表。当果实温度达到冷却要求时，立即停止或降低气流。为减少果实失水，必要时应进行喷雾加湿，调节预冷库气流湿度。此法也适用于各种果蔬，是灵活方便、冷却效率较高的预冷方法。此法虽适合于葡萄预冷，但是由于投资费用高，在我国只有少量应用。

3. 冷库预冷

在0℃冷库内堆码果实，冷却时间10～72小时。预冷库空气流量须每分钟达60～120立方米。注意堆码方式，使全库均匀通风。包装箱的通气眼面积应大于边板的2%。此法不用特殊装置，但需较快冷却库容。此法冷却速度慢，但是具有操作方便，果蔬预冷包装和贮藏包装可通用的优点。预冷后不需要重新倒箱，预冷后保持较干爽的状态。更为重要的是，预冷的设施是冷库，不需要为此另行投资。由于以上优点，冷库预冷已成为果蔬贮藏的主要预冷方式。目前广泛应用于葡萄、蒜薹、辣椒、桃、梨等果蔬贮藏的预冷和运输前预冷。这种方式也是葡萄预冷较好的一种方式。必须指出，对于像红地球、利比尔等对 SO_2 型保鲜剂敏感的品种，极易发生漂白伤害，入贮后预冷速度太慢是重要原因。对这类品种来说，修建预冷库则显得十分重要。

4. 自然预冷

利用夜间低温来降低果蔬体温的一种方法。这种方法在葡萄简易贮藏中普遍采用。

刚采收的葡萄从田间带来大量田间热和表面水分，如若不预冷就放入保鲜剂并封袋，会出现大量结露，箱底会出现积水。故葡萄箱入库时应敞开袋口，使库温可降至 -1℃，快速预冷对任何葡萄品种都是有益的，这样可以迅速降低入贮葡萄的呼吸强度和乙烯的释放。巨峰等欧美杂种品种，在常温下呼吸强度是欧洲种品种的几倍，故要求采收后于当日将果运到冷库预冷。由于预冷时间过长易失水而干梗，故限定预冷时间以 12 小时左右为宜。贮藏实践证明，巨峰葡萄入库预冷超过 24 小时，贮藏期间容易出现干梗脱粒，超过 48 小时更严重。

用普通冷库对巨峰、红地球葡萄的短时间预冷，其主要障碍是果实体温降不到 0℃，装药扎袋后会出现不同程度的结露现象，贮后箱底塑料袋内会有少量积水。所以要用效果较好的防腐保鲜剂，要求库温较低，防止因湿度过大引起的腐烂。库温偏高会在贮后 2～3 个月内开始出现果实腐烂，贮后货架期也受到影响，一旦开袋，药效降低，由霉菌引起的腐烂迅速发展。红地球品种在入库后短时间内常出现葡萄漂白。为此，国家农产品保鲜工程技术研究中心经多年研究，向贮户推荐使用 PVC 气调膜。PVC 膜比 PE 膜透湿率高 3 倍，山东省用户甚至将 PVC 膜称为“透湿膜”。据笔者 1993～1994 年度的试验，将巨峰品种果箱入冷库时立即扎上 PVC 膜袋口，4 个月后检查，袋底基本无积水。再就是用调湿膜，因含高强吸水材料，对水蒸气有主动吸附能力，并对有害气体也有一定的吸附作用，效果也好。

采后快速入库，快速预冷和减少预冷时间，是防止红地球、巨峰贮藏中出现干梗脱粒的关键措施。对欧洲种中晚熟、极晚熟品种的预冷时间则要求果实体温接近或达到0℃时再入药封袋。预冷时间可稍长些，有利于散掉果穗表面水分，降低塑料袋内的温度。对欧洲种品种，袋内应严禁结露和袋底积水。但无论什么品种，快速预冷都是有利的。美国的研究认为，采后经6~12小时，温度可从27℃降至0.5℃的效果最好。为实现快速预冷，应在葡萄入贮前一周开机，使冷库库体温度下降至1℃。停机一段时间后，库内气温回升缓慢，此为入贮前的必备条件。入贮葡萄要分次、分批量入库，避免集中入库，以防库温骤然上升或降温缓慢。另外向贮户推荐一种介于强制冷风预冷，可与普通冷库预冷相结合的中间型预冷库，预冷效果也很好。

（五）葡萄的运输

1. 运输的意义

葡萄是一种受消费者欢迎的水果。由于我国葡萄生产地区性和季节性的限制，葡萄运输已成为流通过程各环节中不可或缺的条件。葡萄在运输过程中极易出现裂果、腐烂、掉粒现象，影响了鲜食葡萄的长途运输。发达国家在葡萄运输上采取高能耗的冷链系统设施，运输工具多采用气调冷藏车，超市也多采用气调冷藏保鲜柜等制冷设备，以此减少葡萄在产后流通及消费过程中的损耗。近年，随着人们生活水平的提高，对葡萄质量要求越来越高，为了保持葡萄的新鲜品质，对运输技术的要求也越来越高。

葡萄运输的意义在于：①运输是新鲜葡萄从生产地运往消费地的桥梁，通过保鲜运输可满足人们生活需要，丰富消费者的“果篮子”。②葡萄运输有利于葡萄产业的发展。葡萄市场一般不是就地供应，有90%以上葡萄是异地销售。没有良好的运输条件和设施，则生产的葡萄运不出去，将影响葡萄产业的发展。③葡萄运输还推动了与运输相关产业的发展。如：包装业、运输业、制冷设备和市场营销等。

2. 运输的基本环境条件

运输中的环境条件及对葡萄的生理影响，大体上与贮藏过程相似，所不同的是贮藏是静止状态的保鲜，而运输是运动状态的保鲜。

（1）*震动*　葡萄在运输过程中由于震动会造成大量的机械伤，从而影响葡萄的品质及运输性能。因此，震动是葡萄运输中应考虑的重要环境条件。

①*震动强度*：震动的大小一般都用震动强度来表示。由于震幅与频率不同，对葡萄会产生不同的影响。

②*影响震动强度的因素*：运输方式、运输工具、行驶速度、货物所处的位置等，对震动强度都有影响。一般铁路运输的震动强度小于公路运输，海路运输的震动强度又小于铁路运输。铁路运输途中，火车的震动强度通常小于1级。公路运输其震动强度则与路面状况、卡车车轮数有密切关系。车轮数少的，其震动强度大于车轮数多的。路面好坏，震动强度差别也很大。卡车如行驶在铺设路面很好及高速公路上时，其行车速度与震动关系不大。而在铺设不好或未铺的路面上行车时，车速越快，震动越大。

运输车的车轮数多，车子上下震动的加速度愈小。有8个轮的铁路货车，震动加速度最低，四轮的汽车在好路面上的震动加速度小于1，少于四个轮的机动车不管路好坏，震动加速度都大于1。坏路面会增加车的震动加速度。就货物在车厢中的位置而言，车后部上端的震动强度最大，前部下端最小。据中村等1976年的研究；由冈山到东京共768千米，放在火车最前面下部、中部上部、后部上部的葡萄发生1级以上的次数分别为58次、78次、1 580次。另外，因箱子的跳动，还会发生二次相撞，使震动强度大大增强，给葡萄造成损伤。

海路运输的震动强度一般较小。它的震动都是由于发动机和螺旋桨的转动而产生的。轮船则有相当大的摇摆，会使船内的货箱和果实晃动受压，且海运途中时间较长，这些都会对果实产生不利影响。

在运输过程中，由于震动和摇动，箱内葡萄逐渐下沉，使箱内的上部出现了空间，使葡萄与箱子发生二次运动及旋转运动，并加速度升级。箱上部受到的加速度是下部的2~3倍。所以，上部的果实，易脱粒和受伤。同时，还会产生共振现象。这时，在车的上部就会突然受异常震动。箱子垛得高，共震越严重。如垛的高度相同，则箱子小、数目多，上部箱子的震动就大。

在箱子受震动的情况下，箱子、填充材料、包果纸等都能吸收一部分震动力，使新鲜水果受到的冲击力有所减弱。在箱子内，下部的水果受上部水果重量的影响，箱子越高影响越大。堆垛时，因堆的方法和箱子的强度不同，还会使上部的负荷重对下部箱子的影响各不相同。

葡萄在运输前后的各种加工操作对震动大小也有影响。仔细装时，将降低货物运输过程中震动强度；粗放操作装货将使震动强度增加2~3倍。

（2）温度　温度对葡萄运输的影响与贮藏期间温度的影响相同，是运输过程中的重要环境条件之一。我国地域辽阔，南北温差很大，如何保持葡萄运输中的适宜温度，是葡萄运输成功的关键。

3. 运输方法比较

我国目前主要采用的方法有常温运输、亚常温运输和低温运输。

（1）常温运输　葡萄在常温运输时，货箱的温度和产品温度都受外界气温直接影响，特别是在盛夏或严冬时，影响更为明显。葡萄常温运输一般适合于短距离的运输。

据日本的试验，在夏季用遮阴的卡车从冈山到东京运输葡萄，经测定卡车上不同部位的温度以货堆上部的箱温最高达

37℃，货堆上部和中部在运输期间的温差达5℃以上。在雨天，尽管货堆上部的温度低，下部的温度高，但总的温差不大。运输途中果实温度一旦上升，以后外界气温即使下降了，货品温度也不容易降下来。短期高温会使保鲜效果大大降低。在10℃下经历24小时，然后在28～30℃温度下运输，则运输5天后葡萄果梗开始变褐，7天葡萄开始脱粒；而35℃装车，在28～30℃下运输，不到24小时，果梗开始变褐。因此，运输前适当降低货品温度，对葡萄运输是有利的。因而，在运输过程中防止温度升高是常温运输成功的关键。采用铁路运输，虽然也受到气温很大的影响，但因货车构造的不同，运输效果有相当大的差别。冬季通风车较不通风车受气温影响大，货品温度变化也大（表21）。

表21　短时间温度处理对（亚历山大）葡萄外观品质的影响[1)]

处理温度（℃）	刚处理完毕	1天后	3天后	5天后	7天后
10	无变化	无变化	果实完好	果梗变褐	脱粒
20	无变化	无变化	果梗变色	果梗变褐	脱粒
25	无变化	果梗稍变色	果梗变色	果梗变褐	脱粒显著
30	无变化	果梗稍变色	果梗变褐	脱粒	脱粒显著
35	无变化	果梗稍变色	果梗变褐	脱粒显著	脱粒显著

1）处理24小时，以后维持室温（28～30℃）（中村等，1975）

比较不同包装在运输中的温度变化，则木箱与纸箱大体相似，但纸箱堆得较密，在运输途中箱温比木箱高1～2℃。

（2）亚常温运输　亚常温是指低于常温而高于葡萄贮藏最适低温的温度。我国目前的葡萄运输大部分采用的是这种运输方式。葡萄采收后首先进行低温处理即“打冷”，也就是预冷，预冷后的葡萄用保温车或卡车加保温被运输。根据王善广的调查，预冷至0℃的葡萄，用卡车加保温被运输，当外界夜温为10℃，白天温度为20℃情况下，运输7天，葡萄内部的温度仅升高3～4℃效果颇佳。

(3) 低温运输　在低温运输中，温度的控制不仅受冷藏车或冷藏箱的构造及冷却能力的影响，也与空气排出口的位置和冷气循环状况密切相关。一般空气排出口设在上部时，货物就从上部开始冷却。如果堆垛不当，冷气循环不好，会影响下部货物冷却的速度。为此，应改善了冷气循环状况，使下部货物的冷却效果与上部货物趋于一致。

冷藏船的船仓仓容一般较大，进货时间延长必然会延迟货物的冷却速度和使仓内不同部位的温差增大。如以冷藏集装箱为装运单位，则可避免上述弊端。在用冷藏车、冷藏集装箱运输时，所装货物就在预冷库预冷后再装车。

4. 运输中的湿度和气体成分

湿度和气体成分对于葡萄运输有一定的影响。在运输过程中湿度太低会造成葡萄果梗失水干褐；湿度过大则有利于微生物的活动，特别是常温运输和亚常温运输条件下，湿度增加了葡萄的腐烂程度。在运输中由于葡萄自身的水分蒸发，以及包装容器的材料种类、包装容器的大小、所用缓冲材料的种类等有差异，使葡萄所处环境的湿度不同。新鲜葡萄装入普通纸箱，在一天内，箱内空气的相对温度即可达90%～100%，运输中也会保持这个水平。纸箱吸潮后则抗压强度下降，可能使葡萄受伤。因此，葡萄运输用纸箱时，内部应加保鲜袋和保鲜剂。保鲜袋有3方面作用，一是保证葡萄的湿度和隔绝保鲜箱吸水，对保持保鲜箱的抗压强度有一定的作用；二是抑制葡萄运输过程中的衰老，减少葡萄脱粒；三是保持葡萄处于一定的二氧化硫环境中。如用比较干燥的木箱包装，由于木材吸湿，也会使运输环境湿度下降。

在运输过程中，气体成分对葡萄的影响不大。但是在常温或亚常温运输，时间过长，则应注意通风。

我国葡萄运输系统流程见图1所示。美国加利福尼亚葡萄采后处理系统流程见图2所示。

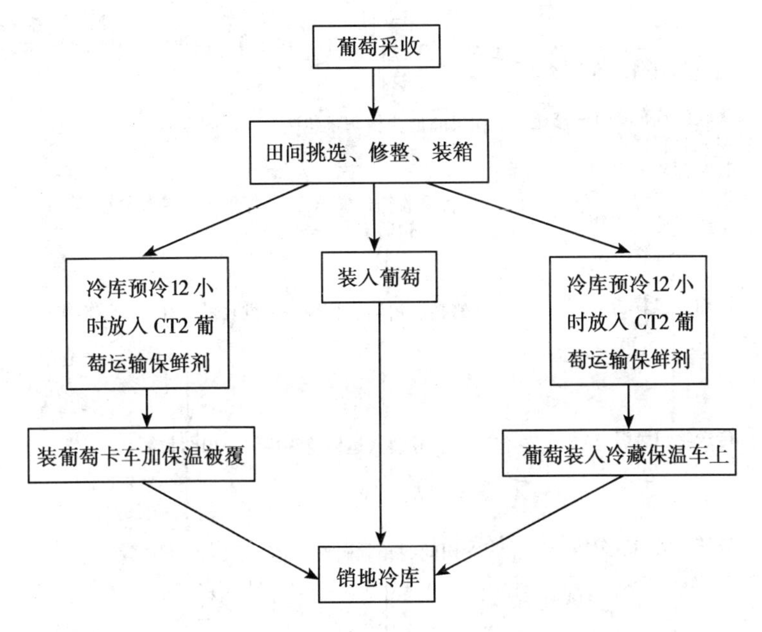

图1　我国目前葡萄运输系统流程

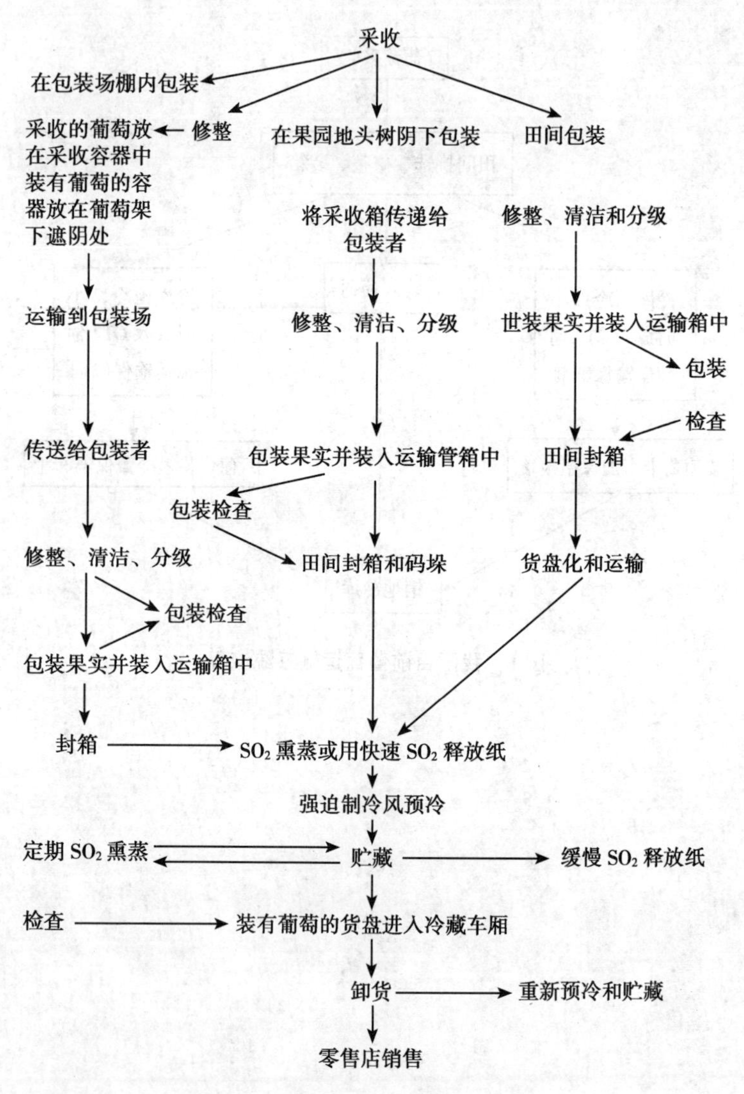

图 2　加利福尼亚葡萄采后处理系统

六、葡萄贮藏保鲜工艺技术

葡萄贮藏是否成功，七分在葡萄质量，三分在贮藏工艺。随着自动控温微型节能冷库在葡萄贮藏上的推广，以及保鲜剂、气调保鲜膜（袋）等规范的保鲜材料广泛应用，贮藏工艺技术越来越程序化、规范化。随着果实品质的提高和标准化栽培技术的实施，鲜食葡萄贮藏将成为中国葡萄产业中新的支撑点。

由于我国鲜食葡萄品种繁多，地域环境多样化，果品质量参差不齐以及现代化贮藏设施的不足和不够完善，使葡萄贮藏保鲜工艺和技术推广增加了复杂性。读者在使用某项技术时应根据本地条件和具体情况灵活应用。

（一）贮户如何选择葡萄园

选择果园是为了在较大范围挑选质量好的葡萄入贮。现代化交通为较远距离选购鲜贮葡萄创造了条件。一般来说，贮藏户要尽量就近采摘入贮葡萄，尤其可以“自种自贮”以确保葡萄的质量。当你不得不从其他果园采摘葡萄或从稍远处购葡萄时，应事先调查果园的情况，这对贮好葡萄至关重要。

1. 果园的区域位置

在无预冷设施的情况下，入贮时葡萄的品温，即采收时葡萄带来的田间温度，对贮藏期长短起重要作用。这对于机械通风库、冰窖或机械制冷设备不完善的冷库更显重要。

某个品种果实充分成熟时，恰好在早霜来临前，那么该品种在采收时的积温自然就比较低，因为它在树上时的呼吸强度已经减弱，这对延长贮藏期无疑是十分有利的。

(1) *适合以晚熟品种贮藏的地区* 如巨峰、玫瑰香、意大利、红宝石等，要求采收期接近早霜期的地区。包括辽宁省的大部分地区，最佳区是辽西锦州、葫芦岛、朝阳、营口、鞍山、辽阳；河北省张家口、承德、唐山和秦皇岛海拔在200米以上的山区；北京延庆县；山西省晋中、晋北；陕西省的延安、榆林；内蒙古乌海地区、呼和浩特、包头等背靠阴山山脉低海拔地区及东蒙通辽、赤峰地区；宁夏银南黄灌区及银北黄灌区；甘肃省除垅南的大部分地区；新疆伊犁、石河子、昌吉及阿克苏西北地区。

上述地区的共同特点是年均温在8℃左右，大于10℃有效积温为3 200～3 600℃，果实成熟期少雨。由于上述地区均属大陆性气候，日温差较大，对于晚熟品种，有些地区的积温量稍显不足，但均可充分成熟。

(2) *适合以极晚熟品种贮藏的地区* 如秋黑、圣诞玫瑰、红地球、甲斐路、粉红葡萄、龙眼等品种，在年均温8℃或稍低的地区常常不能充分成熟或不能充分表现该品种的商业品质。通常在这些地区的低海拔、低纬度、背风向阳坡地，可以寻找到品质好的极晚熟种的葡萄园。下述地区则更能找到耐贮的极晚熟品种，如辽宁省旅大，山东省大部分地区，河北省冀中、冀南少雨区及秦皇岛、唐山地区，京津地区，山西省晋南地区，河南省豫西少雨区，陕西渭北及关中少雨区，甘肃敦煌地区以及新疆南疆。

对果园区域的选择并不等于其他地区果园的葡萄不能用于贮藏，只是贮期较短一些。例如，同是巨峰品种，辽宁北宁市最长可贮藏到翌年4月中旬，而在河北及晋南地区最长可贮藏到2月中、下旬。

(3) *适合以二收果用于贮藏的地区* 山东省鲁西南地区，我国黄河故道产区，长江以南产区，其巨峰葡萄的二收果用于贮藏效果最佳。二收果的采收期通常在11月份或更晚些，此时，我国暖温带及亚热带地区大多阳光普照、气候凉爽，降雨稀少，所以贮藏这些巨峰二收果可以获得好的效果。要搞好二收果贮藏，必须严格控制一收果的产量，甚至可以仿照“泰国方法”，不留雨季成熟的“一收果”，只留“旱季成熟”的二收果。应根据市场需求，推广产期调节技术，以获取更大效益。

（4）适合以中熟品种贮藏的地区　康太、康拜尔、京亚、密汁等品种在吉林以北地区可用于冬季贮藏。吉林省南部地区，有些年份也可选择到基本成熟的巨峰葡萄。目前，黑龙江省已应用大棚栽培晚熟品种贮藏，获得良好效果。

果园的地域选择，对就地贮藏而言可在选择品种予以参考。对异地贮藏而言，则果园选择更具有重要作用。

2. 果园地块的选择

同一地区、不同果园所采葡萄的耐贮性，可以有很大差异。如1994年辽宁省生长季节降雨偏多，贮藏平地或低洼地的巨峰葡萄，到12月已开始出现裂果和腐烂，而坡地透水较好的沙地巨峰葡萄可贮藏到翌年3月份。上述情况表明，根据贮藏的要求，选择不同地块的果园是十分重要的。

一般来说，选择排水良好、向阳坡地的果园，土壤透气性好的沙性土、或含有较多砾石的壤土，有利于延长贮藏期。但不同地区气候、土壤条件不同，品种不同，在选择果园时应有所不同。

在气候较冷凉的地区，晚熟、极晚熟种葡萄虽然可以成熟，但要选得充分成熟的葡萄，则要从背风向阳坡地果园选择供贮藏用的葡萄。在这些地区，早霜来临偏早，葡萄通常未采收完，而向阳坡地或地势高燥、风光好的果园不易遭霜冻或冻害较轻。1995年秋，河北省张家口地区的龙眼葡萄产区普遍于10月8日遭到早霜冻，但向阳坡地或地势稍高的山坡地，如官厅水库的坡地果园，就没有遭到霜冻为害或受害较轻，此时平地果园或坡下果园则受害较重。选用前者入贮的，龙眼葡萄普遍可贮至春节前，而用后者贮藏到12月份已出现果梗、穗梗干枯和霉变。

与此相反，2000年的葡萄生长季节，北方多数葡萄产区遇到了连续的干旱天气，直到葡萄成熟的中后期才开始出现降雨天气。坡地，以及排水、透水性好的果园，其前期土壤缺水情况要比低洼地或平原区严重，在采收前已出现不同程度的裂果。有的葡萄在田间并未裂果，入贮后在较高温度的贮藏环境下，则出现了严重的裂果。在这种特殊年份，贮藏户应选择灌水条件好的果园，或灌水虽不充分，选择平地果园和保水较好的壤土、黏性土果园采摘入贮葡萄，则可获得相对较好的贮藏效果。

对于某些易裂果的品种，通常要选保水较好的黏土或壤土葡萄园的葡萄，用于贮藏，会比沙土地的葡萄更有利于防止贮藏期的裂果。

在低洼盐碱地或南方多雨区，果园地下水位高低或畦面高低，对葡萄的贮藏性有重要影响。在选择果园时，应取地下水位低、排水良好、畦面较高的果园采摘入贮葡萄。

当然，不利的环境条件下，通过栽培技术措施，如合理的土壤管理（覆膜、覆草、中耕、合理灌溉等）、果实套袋、控制产量等也可克服不良环境因素的影响。参见栽培技术一节。

3. 选择高质量果园

前面已叙述了葡萄质量标准和应采摘什么样的葡萄用于贮藏。但是，真正到果园采摘入贮葡萄时，还需掌握多方面的技术和知识，才能使葡萄贮藏获得较好的效果。

(1) 判别高产园的方法　农民常因“重产轻质”使果园产量过高。这种果园的葡萄不耐贮。对过高产量标准的葡萄园其判别方法如下：

①枝条判别：高产园葡萄枝条成熟不好。当果园有20%以上的枝条基本上没有成熟，即这些枝条除基部2节变成黄褐色，而中上部枝条仍为青绿色，表明该果园葡萄产量过高。尽管有的果园已经采摘过相当多的葡萄，从表面看来果园挂果量不多，但

只要看看枝条成熟度和成熟枝条所占的比例，你就知道了这个果园的产量高低。产量适中、葡萄质量较好的葡萄园，基本上没有不成熟的枝条，枝条成熟节数一般都有7节以上。

②果穗判别：高产园果穗的表现有以下情况，即易出现软尖的品种（如龙眼）其果穗底部的果粒变软，食之有一股酸水；果肉组织松软和易出现水罐子病的品种（如玫瑰香），则果穗水罐子病较重，这类果粒除风味变酸、果肉变软，果色也较正常果为浅；易出现下部果粒皱缩的品种（如巨峰），其果穗下部果粒易皱缩，果粒硬度较低，风味较差。但要识别栽培者会通过采前灌水来保持果实的丰满度，采摘这种果穗贮存，极易引起贮后裂果。

③果色判别：高产园的果色普遍较优质园果实上色晚、上色浅、上色不整齐。巨峰品种在北方表现为“赤熟”；在南方则表现为“绿熟”，即果色还是绿色或稍微有些颜色时，果实酸度已很低，虽然糖度不高，尚可食用。栽培者为保持高产，则普遍采取喷施乙烯利催熟，使不上色或上色差的葡萄看上去上色均匀，但这种葡萄贮藏期短，易落粒。在某果园看到挂果很多，果穗色泽普遍鲜红上色均衡，巨峰的果穗不是正常的蓝黑色、黑色或紫黑色时，说明这个果园使用了乙烯利。乙烯利是催熟剂、上色剂，可促使葡萄成熟和衰老，是延长葡萄贮期的“大敌”。它会使葡萄果实形成离层，出现“瓜熟蒂落”现象，因此，凡用过乙烯利的葡萄容易脱粒。当不得不采摘用过乙烯利的葡萄入贮时，应选择用药量少、用药早、用药次数少的果园。

（2）果园葡萄产量、质量的调查　有条件者可携带手持折光仪测量葡萄可溶性固形物，但数值比实验室测定的滴定糖度通常高1.5~2.0度。从贮藏角度出发，浆果可溶性固形物低于15度的葡萄，在贮藏中容易出现裂果。

果园产量高低是反映葡萄质量的重要标志之一，简易调查方法如下：

①看架面挂果量：未采收之前，选择果园架面挂果量中等部位，看每平方米留果量，一般巨峰单穗果重平均为400克，如挂果9穗以上，则表明产量过高；以6~7穗较好；以5穗左右为最好。本标准原则上适用于我国北方地区。

②看梢果比：凡进行疏花疏果的果园，梢果比通常较适宜。巨峰葡萄每2条新梢留1穗果为理想，至少应做到3年新梢最多留2穗果；红地球等大穗形品种，应做到每3条新梢留1穗果，至少应做到每2条新梢留1穗果。

在品尝或观测果园葡萄品质时，应从结果相对较多的树上和果穗的下端采摘果粒，这些果粒通常是品质较差的部分。如果口味尚可，则说明这个果园的葡萄可用于贮藏。贮藏户还要注意，通过延迟采收和分批采收，可以适当改善葡萄的风味品质，但过迟采收的葡萄，其贮藏期效果受影响。

4. 不良气候及不良栽培因素的判别

不良气候和不良栽培措施的影响，如早霜冻、雹害、涝害和采前灌水等，都对贮藏十分不利，在选择果园时，应引起重视。

（1）早霜冻　在北方较冷凉地区，选择果园时要注意是否有过霜冻，特别是较远距离异地贮藏和运输更要注意。早霜冻为害主要表现为叶片全部干枯。如果仅仅是棚架上层嫩叶受冻，老叶未受冻，如果是极晚熟耐贮品种（如龙眼），这种葡萄还可以入贮；如果是果梗较脆嫩的品种（如牛奶），则不宜入贮。受轻微冻害的果穗，主要表现在穗轴和果梗上：即木质比较差，色泽翠绿的穗轴、果梗变成深绿色或暗绿色，这种果穗贮期将大大缩短，只能做1~2个月的短期贮藏；如果穗轴已呈水渍状，则表明冻害较重，不能用于贮藏。

（2）雹灾及冷雨　在果实发育期，特别是成熟期遇到雹灾，无论轻重，此果均不宜贮藏。如果雹灾发生得早，果皮受伤后虽可愈合，但在贮藏中易裂果和感染霉菌而腐烂。冷雨是指北方秋季高空气温降至0℃以下时云层中形成的雹雨混合物，下落中开始融化，但重力较大，常使葡萄果面产生肉眼看不清楚的暗伤，在未成熟或成熟不好的淡绿色果面上不同程度地有暗绿色的斑痕。通常着生在果穗最上部歧肩上的果粒，受害重。

(3) *涝害、采前大雨和灌水*　涝害是指果实成熟期间发生连续降雨，果园排水不良而发生涝害。这种果园通常表现为枝条成熟普遍较差，副梢枝萌发量较大，葡萄穗轴、果梗青绿脆嫩，果色灰暗，缺乏光泽，果实风味淡，肉质变软。这种果实不能用于贮藏。采前大雨或灌水的果园，表现为果粒饱满，在较高负载量的情况下，也无皱缩果发生。从灌水畦面上可以发现近期灌水的痕迹。土壤表层温度较大是涝害、采前大雨与灌水的共同特征。从这些果园采摘的葡萄，一般在贮后或1～2个月以后，即出现明显的裂果，严重时往往因裂果重而引起腐烂。因此，水大涝害造成全冷库葡萄覆灭的例子已不胜枚举，须引起贮藏户注意。

(4) *霜霉病*　霜霉病主要发生在果实成熟期。与其他果实病害不同，此病主要为害叶片，在果实上一般无症状，易被贮户忽视。果园在成熟期若只是幼叶上有轻微霜霉病发生，通常对入贮葡萄影响不大；如果大量老叶片上都有了霜霉病，则这类葡萄入贮后，在2个月时间里，潜伏于葡萄果梗上的霜霉病菌会渐渐滋生直到果梗干枯。因此，在选择果园时必须观察叶片霜霉病的发生情况。

1998年，辽宁省巨峰葡萄贮藏主产区北宁市，由于葡萄生长后期降水偏多，导致霜霉病大发生。据中国农业科学院果树研究所王金友的调查，当年果穗上霜霉病潜伏率高达68%，而从果穗表面上看不出有病症，入贮后则葡萄普遍出现干梗，并引起腐烂，有近1/3贮户因此贮藏失败，这一教训应引起贮户注意。

(5) *灰霉病*　灰霉病既是葡萄园田间病害，又是贮藏中第一病害。灰霉病的首一次侵染是在开花前。春季雨水偏多，常会引起花期灰霉病发生，巨峰等品种会出现“烂花序”现象，多数品种不表现病症，但预示冬贮葡萄灰霉病会大发生。第二次侵染是在果实成熟期，果实上、穗梗上会出现灰色霉状物，极似“鼠毛”。贮户在选择果园时，要细致观察，表现有灰霉病症状的葡萄园，要慎用这类葡萄贮藏。一些葡萄园选用低劣不卫生的果袋，或摘袋过早，也会造成灰霉病大发生。贮户应注意果袋种类和摘袋时间。

此外，炭疽病、白腐病、褐腐病等田间果穗病害，会在果实入冷库后继续蔓延，因此，加强田间病虫害防治是贮好葡萄不可忽视的环节。

（二）贮藏设施及保鲜材料的准备

1. 贮藏设施的选择

葡萄贮藏的首要环境因素是温度，可通过贮藏设施来实现。传统的葡萄贮藏场所如自然通风窖、冰窖、土窑洞、凉房等，依靠自然冷源来调节葡萄贮藏环境的温度；现代贮藏则通过机械制冷以电能调节温度。若贮藏葡萄，首先就要选择好贮藏设施。

（1）*自动控温微型节能冷库是葡萄贮藏首选类型*　理由如下：葡萄与众多水果不同，它的呼吸强度对0℃左右的低温区域的温度波动比较敏感。保持低而稳定的温度，对贮好葡萄更为重要。具有自动控温装置的冷库更适合于贮藏葡萄。葡萄贮藏的实践证明，较大型氨制冷冷库，通常需要手动来控制冷库温度，温度波动较大，葡萄贮藏效果不太理想。

据辽宁省贮藏巨峰葡萄的经验，一个贮户或单位，总贮量超过10万千克而获得较好贮藏效果的并不多。原因是在短短的半月左右的采收期内，组织了较多的人员采收葡萄，采收时葡萄损伤较多。对巨峰品种而言，采收时稍微晃动果穗，在果粒与果蒂间便产生肉眼看不见的伤痕。因此，在保证贮藏温度一致的条件下，采收精细程度即尽量减少葡萄损伤程度，是贮藏葡萄成功与否的关键。葡萄的这个贮藏特点决定了用于葡萄的贮藏冷库不宜过大。

微型节能冷库在葡萄贮藏中的广泛应用，除与农村包产到户的经济体制相适应外，也与葡萄的贮藏特点相适应有关，这与我国水果流通规模较小有密切关系。这也是大型气调冷库通常不用于贮藏葡萄的原因之一。

在辽宁等地，也有用大型冷库贮藏葡萄的，通常是把冷库的大部分库位租赁给多个农户，实行分户采收、分户贮放、统一管理库温的办法。这种方法有利于分户精细采收贮藏，但也常发生冷库库主与租赁户之间，因冷库温度管理问题出现纠纷。

(2) 选用较大的冷库贮藏葡萄　在辽宁北宁、盖州等地，一些大型冷库的库主，协调与贮户的租贮关系，主动向农户传播保鲜贮藏技术。做到了统一选购葡萄保鲜袋、保鲜药剂、传授使用方法、严格管理库温，有些冷库库主还代销贮户贮藏的葡萄，带有明显的“公司 + 农户 + 科技服务”的性质。这种形式对拉动贮藏保鲜葡萄的市场流通，特别是远距离的流通，起到了重要推动作用，值得提倡。

(3) 利用自然冷源设施贮藏葡萄　由于经济条件的限制，一些葡萄产区缺少机械制冷冷库，而利用自然通风库、机械通风库和冰窖贮藏葡萄。这种贮藏方式的缺点在于葡萄入贮时，降低窖温要靠夜间较低的气温来调节，若葡萄采收前后的夜间气温接近0℃，保证入贮后夜温很快降到0℃以下，则是应用自然通风库贮藏葡萄较为理想的地域。如前所述，这一地域基本上是在中国长城附近的省区，年均气温8℃左右的地区。

利用自然通风库贮藏葡萄的另一限制因素就是品种。欧洲种耐贮品种如龙眼、红地球等，在采收后即便温度稍高，其呼吸强度也不太高，果胶酶活性也较弱，果肉仍能在较长的时间保持脆硬状态。龙眼品种贮至春节后，仍能保持较好的品质，红地球可贮至元旦前后，贮期过长则果实硬度明显下降。

利用自然通风库贮藏巨峰等欧美杂交种品种效果并不好，一是因为这类品种在刚入贮的较高温度下，各种酶活性及呼吸作用均较强，果实很快变软；二是库内湿度普遍偏低，巨峰一类品种极易干梗脱粒。

必须指出，目前我国葡萄贮藏以微型冷库或微型冷库群为主导的贮藏设施格局，将会维持相当长的时间。随着大量耐贮型世界著名鲜食葡萄品种的广泛栽植和标准化栽培技术的推广，以及标准化包装普及，加之农村路面交通条件的改善和市场流通规模的扩大，冷库规模将会逐步扩大。

2. 库房消毒

有冷库的贮户应在入库前提前半月检修冷库的各种设备。在葡萄入贮前几天，要对冷库进行彻底清扫和消毒。必须指出，造成葡萄贮藏中腐烂的病原菌主要来自果实自身，以及田间带来的病菌和来自库房的杂菌。由于葡萄入贮前多数库温都较高，有利于微生物的生长，为防止葡萄入贮后的再次污染，必须在葡萄入贮前对库房进行彻底消毒杀菌。但是人们在生产上往往忽视这一环节，应予关注。

库房消毒剂的种类很多，目前生产上广泛应用的有 2 种库房消毒剂：一是用硫磺熏蒸消毒。可用硫磺粉拌木屑或在容器内施入硫磺粉，加入酒精或高度白酒助燃，点燃后密闭熏蒸。硫磺用量为每立方米空间用 10 克，密闭熏蒸 24 小时后，打开通风。硫磺熏蒸时产生的二氧化硫气体对人呼吸道刺激很大，操作人员应戴防毒口罩，注意安全。二是用福尔马林溶液喷洒消毒，使用浓度为 1%。此外，也可用 10% 的漂白粉溶液喷洒消毒。燃烧硫磺虽然使用方便，价格低廉，但是有 2 个问题：一是杀菌谱窄，杀菌能力低；二是燃烧后的 SO_2 对库房中蒸发器、送风管等金属器具有强烈的腐蚀性，因此，建议在自然通风窖、冰窖等自然冷源贮藏设施中使用。甲醛杀菌谱广、杀菌能力强，但使用时安全性差，具有致癌作用，应注意安全使用。国家农产品保鲜工程技术研究中心研制的CT-高效库房消毒剂，深受广大用户欢迎，其杀菌能力优于甲醛，对灰霉、青霉、根霉、黑曲霉等杀死率达90%以上，而且使用方便、安全、对金属腐蚀小，1998年已在我国辽宁、河北、山东、山西、甘肃等地推广使用，效果很好。

冷库库房消毒后要立即通风，并在葡萄入贮前3~5天启动制冷机制冷，使冷库内一切吸冷体（墙壁、地面、支架等）吸足冷源，保持在0℃或-2~-1℃，这样有利加快早期入贮葡萄的降温。

无贮藏冷库的葡萄贮户，要提早建设冷库，宜在春季比较干燥的季节建库，至迟在雨季来临前建成。南方有梅雨期，应在冬季或头年秋季开始建库，否则新建冷库，库内湿度过大，影响葡萄贮藏效果。

3. 保鲜材料的准备

（1）包装　用于葡萄贮藏的包装箱装量5千克以下、放一层果的为宜。这种包装箱已在高档套袋巨峰、牛奶葡萄上开始应用，随着鲜食葡萄质量的提高，这种包装箱将占主体地位。

目前生产上用的巨峰、玫瑰香葡萄的5千克包装箱的规格大多为36厘米（长）×26厘米（宽）×16厘米（高）。其材质有木板条箱、纸箱或塑料箱。保温性能较好的聚苯板泡沫箱亦已开始应用于运输保鲜。

选择何种规格和材质包装箱贮藏葡萄取决于下列因素：果穗大小对包装箱的高度有要求，大穗形的品种，通常要求箱子高一些，即便经过果穗整形，穗重也达750克；果品质量高低对包装箱材质要求不同，档次低，果穗不整齐的巨峰等品种，以板条箱为主。板条箱成本较低，便于在冷库里快速预冷；高档套袋的葡萄，无论什么品种均宜配上漂亮的纸箱或档次、质量较好的塑料箱。当选择纸箱为包装材料时，贮户必须考虑纸箱的承重力较小的特点，应在冷库内设2~3层支架，每层支架码放纸箱的层数不宜超过7层。

折叠式带大量通气孔的塑料箱便于回收和贮运，有利于资源的重复利用，是发展方向。聚苯泡沫箱不易回收，不易腐烂，易造成白色污染，有被淘汰的趋势。聚苯泡沫箱保湿好，但冷气不易流通，果温下降慢，所以用这种包装箱贮藏葡萄会导致贮藏前期腐烂，事例不胜枚举。

要根据贮量大小准备足够的包装箱。如果用陈旧的包装箱，应在库房消毒时，将这些包装箱放入库房一并消毒。如是塑料箱和板条箱，则应认真清洗，并用液体消毒剂消毒，以免将霉菌带入冷库。

（2）保鲜袋　保鲜袋有 3 种作用：一是保持贮藏环境达到一定的湿度，减少葡萄水分损耗，防止干梗和脱粒；另一作用是保持贮藏环境的适宜的气体成分，抑制果实的代谢活动和微生物的活动，保持果实原有的品质和果梗的鲜绿；三是使保鲜剂释放的二氧化硫等杀菌、抑菌气体不逸散。选择袋时要注意选用葡萄专用的 PVC 或不结露的 PE 袋。这种袋有结露轻甚至不结露、葡萄品质变化小、果梗保绿性能好等优点。但 PVC 袋开袋困难，应提前一个月购买，并在葡萄装袋前对袋进行试漏实验。具体的方法是打开袋口向里吹气，看是否有漏气现象，漏气的袋子用透明胶带粘上，否则在贮藏过程中就无法发挥气调保鲜的效果。漏气袋不粘贴就用会导致果实干燥和腐烂加重。

目前，多数葡萄贮户忽视保鲜袋的选择，主要因为对袋内气体成分抑制果实呼吸、延缓衰老的作用认识不深。

对 CO_2 浓度要求偏高的品种，如巨峰等，应选择稍厚的保鲜袋或是填加了较多阻氧材料的保鲜袋，它对果梗保绿的效果比较明显。对新疆等西部干旱地区的葡萄品种，如木纳格、龙眼等品种，这些品种长期生长在干燥气候条件下，形成了“怕湿不怕干”的特性和特征，选择保鲜袋时，注意膜的透湿性应占首位。例如，PVC 气调保鲜膜在蒜薹贮藏产区被称为“透湿膜”，其透湿性通常比 PE 膜高 2 ~ 3 倍。如果选用 PE 膜，也应选择填加了透湿材料的专用保鲜袋。

有的贮户愿购买价格低廉的再生塑料袋，这会对食品造成污染，贮藏效果也不好，应禁止使用。

（3）保鲜剂　目前用于葡萄贮藏的保鲜剂主要为 SO_2 制剂。但有的葡萄品种单用 SO_2 制剂易出现以下问题：①在足量的情况下可保证果实不腐烂，但易使大量果实发生漂白药害，商品价值下降；②在减量的情况下果实腐烂加重。因此，在贮藏中一定要注意不同类型的葡萄选用不同的保鲜剂。对 SO_2 敏感性强的品种，不要盲目地仿效巨峰、龙眼、玫瑰香等葡萄品种去用同样的保鲜剂和贮藏技术，应采用复合型保鲜剂和相应的贮藏技术，否则易造成贮藏失败。

保鲜剂类型选择取决于葡萄品种对二氧化硫的抗性。我国常见的鲜食葡萄品种中较抗二氧化硫的有玫瑰香、泽香、龙眼、秋黑、无核白、巨峰及巨峰系品种；对二氧化硫敏感，易发生二氧化硫伤害的品种是红地球、牛奶、木纳格、里查马特、红宝石等。

当你无法判断某品种对二氧化硫的抗性时，最好使用复合型保鲜剂。通常情况下鲜食葡萄品种中的低酸低糖类型，对二氧化硫抗性较弱，而高酸高糖型品种有较强的抗性。在有色品种中，浅色品种容易在贮藏后期出现褪色现象。如红宝石是白色品种意大利红色芽变种，在栽培中上色技术难度较大，特别是在高产量的情况下，常常表现为半红半绿，它就属于极易褪色的品种。

多数亚硫酸盐类型保鲜剂（SO_2 型）在贮藏环境中靠水来起动。因此，购买的保鲜剂应在干燥冷凉环境下存放。一般生产保鲜剂的厂家无控湿控温条件，因此，贮户要在雨季来临前提早购买保鲜剂。北方地区早春气候冷凉而干燥，保鲜药在混合、化合、压片、包装生产过程中，药剂有效成分损失小，性质稳定，因此，此时生产的保鲜剂质量优于夏季高温多湿条件下生产的产品。据调查，春季生产的保鲜剂在干燥低温条件下存放经过一年，其总含量损失为1%～2%，优于当年夏季生产的产品。所以，贮户提早购买保鲜剂则是明智之举。若当年购药量稍多，可将剩余药剂存放于冷库内，并多加一层不透水的塑料袋，在袋内加一些吸湿材料，如生石灰等，其保存时间更长、效果会更好些。这些药剂来年仍可与当年购买的新药混合使用，但旧药所占比重最好不要超过1/3。如果保存不好，药剂已经粉化，则不要使用，以免影响贮藏效果。

（三）采收与预冷

1. 采收与装箱

（1）采收时间　如前所述，葡萄是呼吸作用非跃变型水果，贮藏的葡萄应在充分成熟期采收。但遇下列情况应调整采收时间，即采前遇大雨或暴雨，采收期应推迟1周；采前遇中雨，采收期应推迟5天左右；采前如遇小雨至少也要推迟2天左右。

如果选择的果园排水良好，为渗水性强的沙壤土，则采收期可适当前提；如为排水不良的低洼黏土地则应适当推迟。遇到上述天气现象，如不能推迟采收，则只能用作短期存放，及早销售，否则贮藏中将会出现较严重的裂果，导致贮藏失败。

应注意采前天气预报，北方较冷凉的地区应避免早霜冻提前。如有早霜冻，应在此前突击采收。

遇到前期干旱，后期雨多的天气，也应推迟采收，否则在入贮后头几天就会出现明显的裂果现象。

过迟采收会缩短有效贮藏期，但欧洲种硬肉型品种对迟收的反应不太敏感。欧洲种中的软肉型品种或欧美杂交种品种，对迟收反应较敏感。前者易在贮藏后期出现无氧呼吸和酒化现象，后者则易出现脱粒现象。

有露水的天气，应在果穗上露水干后采收，以减少入贮果品来自田间的水分；遇阴湿天气最好不采收或采后将果实在间多放一段时间；遇燥热天气则应减少采后果品在田间停留的时间，及时运到冷库。

（2）采收　贮藏葡萄必须细致采收，使用专用采收剪，以防在疏剪病、残、次果时伤及好果粒。以往未实施标准化栽培技术前，果园果量普遍偏多，因此，要分次采收，挑好果采收，田间分级装箱也十分重要。除根据色泽、含糖量判断果实品质外，贮藏葡萄果穗的松紧程度，穗轴、果梗的木质化程度也是重要的指标。过紧的果穗，果实之间互相挤压，内部果粒着色差，果皮脆嫩，甚至会被挤破，装箱后保鲜剂不能渗透到穗轴附近，易出现穗果内部腐烂。如新疆和田红葡萄，果穗未经拉长或未疏花疏果的红地球品种，易发生上述情况。穗轴和果梗是葡萄采收后失水的主要部位，其木质化程度直接影响葡萄贮藏效果。因此，要在田间观察和挑选穗轴木质化程度好的，主要标志是看枝条的成熟节数。如采收期枝条成熟节数仅 2 ~ 3 节，其上果穗一般是翠绿的穗轴；只有那些成熟节数达 7 节以上的枝条所挂果穗，其穗轴木质化程度高，果实品质较好，果粉较厚。

采收下来的果穗，要用手轻轻拿住穗柄，不要触碰果面，避免果粉脱落，影响果实外观品质；不要摇动果穗，以免果粒与果蒂间产生伤痕；并轻轻剪掉病、伤、残、次果，将果穗单层平放到树阴下的洁净塑料膜或草帘上。

（3）装箱和入冷库　将塑料保鲜膜衬在箱中，然后将葡萄摆在箱内。目前，多数果园产量偏高，果穗的大小、松紧度不一致，应尽量在田间分出等级，分别装箱，并做质量标记。对于一般质量的巨峰、玫瑰香等品种，通常是将果穗较大较紧的葡萄放在一层，这些品种的果穗多为圆锥形，所以码放在箱内时通常将穗梗剪得较短，倾斜或倒放于箱内。箱内的葡萄必须码紧，因为在运往冷库的途中极易受晃动而脱粒或果粒松动。

装箱时要注意以下几点：轻拿轻放，码严码实。装好的葡萄箱，视果品的田间持水情况和气候状况，确定是敞口存放，还是敞口临时存放。一般情况下是敞口存放于树阴下，以求散失一部分田间带来的水分。然后尽快将葡萄运往冷库。

当所采摘的品种为脆梗型葡萄品种时，如牛奶、无核白等，可视天气情况推迟装箱时间，使果梗略失一点水而变软。这可防止装箱时，果粒从果梗处折断而脱粒。所装品种为果梗易失水的巨峰等品种时，则应视天气状况及时装箱，以免果梗失水而引起后期脱粒。当天气潮湿时或果实成熟期雨水偏多、田间带来的水分偏高的情况下，应适当推迟装箱时间，使果穗在田间临时摆放，可以多散去一些水分。

一次性装箱是葡萄贮藏成功与否的关键。有的贮户将葡萄采收后先装在临时的周转箱里，然后将葡萄运到冷库附近的空房内或果园空场地，再进行一次挑拣和二次装箱；还有的将葡萄堆放田间的时间长达一天，致使大量田间热和箱内葡萄在高温下产生的大量呼吸热带入冷库。这样的情况都应当避免，因为两次装箱和在田间停放时间过长都会导致贮藏效果不好或贮藏失败，实例不胜枚举。

采收后装箱的葡萄，要尽快运到冷库预冷，这是延长贮存期、贮好葡萄的重要技术环节。

从田间到冷库的距离并不远，就产地贮藏来说，果园离冷库可能只有数百米或数公里。但多数农村的路面不好，葡萄装上汽车或拖拉机、推车等运输工具后，果箱在车上来回摇晃、颠簸，极易造成各类果实伤痕，常为贮户所忽视，这是某些冷库葡萄提前出现 SO_2 伤害和霉烂的重要原因。为防止上述情况，有的贮户直接将葡萄箱用人工挑入冷库；路程稍远的，将箱紧紧的码在车上，用秫秆、草把等将箱间的缝隙塞实，车箱底板及两侧还垫上草帘等，缓慢行车，避免果箱在车上晃动，贮藏效果肯定好得多。

若果园距冷库较远，其路程超过 1 天以上，贮户应在产地租用冷库，将葡萄预冷并用棉被等保温材料包裹后再运输，以防散冷太快，并要注意防雨。在这种情况下，最好将保鲜药剂在采收时就放入箱内，预冷后就将塑料袋抿上口，运到目的地后，再敞口预冷。如果没有预冷冷库，应将保鲜剂先放入箱内。辽宁某冷库从河北省张家口地区采收的牛奶葡萄，从采收到进入辽宁冷库长达两天，结果当葡萄进入冷库打开塑料袋时，已发现有不少葡萄开始霉变，导致贮藏失败。

高质量果应实行单层装箱，果穗梗朝上倾斜摆入箱中，并应单果包装。易脱粒的无核品种，用打上孔的纸袋兜底套上，果穗歧肩部分露在外面。纸袋则应打蜡和消毒。

2. 预冷

预冷是葡萄贮藏的重要技术环节。袋内外温差大会导致袋内结露，这是关键问题。因此，任何品种，敞口快速预冷可使葡萄品温尽快达到贮藏的理想温度（0 ~ -1℃）。通过敞口预冷还可加速果品来自田间的水分尽快散失，可直接降低封袋后的袋内湿度。

预冷应在预冷库内进行，葡萄运至冷库后打开袋口，在 -1 ~ -2℃条件下进行预冷。目前我国主要采用一般冷库预冷，预冷时一次入库量不宜太大，应以地面空间摆放 2 ~ 3 层为宜。一次入库量太大易造成预冷速度太慢、库温波动大，从而影响葡萄贮藏。应使葡萄的品温尽快下降，当品温下降到 0℃时，可将保鲜剂放入袋内，然后扎紧袋口，在 -0.5℃ ±0.5℃条件下进行长期贮藏。

要实现快速预冷，应做好以下工作：①库体提前冷却，使库体每个部分都成为冷体。②葡萄从采摘到入库过程中，尽量防止葡萄果温上升，应坚持少量、快速、多次入库。③合理控制葡萄箱敞口预冷时间。对巨峰及巨峰群品种，一般预冷时间为 12 个小时，欧洲种品种敞口时间为 24 小时。但遇下述情况应加长敞口时间，即新疆的葡萄品种，不少属于东方品种群品种，如木纳格、无核白、和田红葡萄等，应适当加长预冷时间。一定要保证塑料袋扎口后不出现结露，敞口时间可延长至48小时左右，若箱内果品品温仍高于5℃，应抿口预冷一段时间，使果实品温降到3℃以下再扎紧袋口。南方多雨区葡萄采收季节无法避开降雨时，且果园土壤湿度较大、果实含水量偏高，则巨峰品种预冷时间可延长到24小时左右。北方地区个别年份雨季推迟或生长期降雨量偏多，地势低洼、土壤持水量较普通年份偏高或遇到前旱后涝等气候情况，则应延长敞口时间，巨峰品种由12小时延长至16～24小时，龙眼、红地球等欧洲种品种从24小时延长至36～48小时，必要时还应抿口一段时间，使果品温度降至3℃以下再扎袋口。

红地球是极易干梗并对SO_2极敏感的品种，敞口预冷时间过长，易出现干梗。预冷时间短，则箱内果品温度偏高，封口后易出现结露，引起保鲜剂中SO_2的释放加速，贮藏前期就出现果实漂白。因此，恰到好处地掌握好红地球品种的预冷，是重要技术难点。事实上，国外进口的红地球葡萄，在货架上基本上都是"干梗"状态。如果红地球品种贮藏中允许有一些干梗，那么红地球品种还是较耐贮藏的；巨峰品种也易出现采后贮运过程中干梗现象，但巨峰在贮藏中较耐湿，对前期保鲜剂中SO_2的快速释放有较强的抗SO_2能力，所以，巨峰品种的贮藏工艺较红地球的贮藏工艺更易操作。缓解红地球品种在贮藏中由SO_2引起的的漂白和干梗可采取的主要技术措施是：建设预冷库，实现短时间快速预冷；按田间果实持水量，确定适宜的预冷时间；使用复合型防腐保鲜剂，减少SO_2释放量；加强田间病害防治，减少入库果品带菌量，实施单果包装，减少果梗失水。④严格地说，巨峰品种经过12小时的敞口预冷很难使葡萄品温降到0℃，但巨峰果梗又极易失水干梗。这样在葡萄袋封后，仍有一段时间属于预冷期，此期是在码垛以后进行的。因此，码垛是否得当，对前期葡萄降温至关重要。库内要留出足够的空间，使冷风顺畅流通。码垛前，地面要用垫木垫高20厘米以上，然后进行品字形码箱。

箱与箱间留5厘米空隙，一座微型冷库（6米长×5米宽×3米高），应码成6垛，垛与垛之间至少要留20厘米以上的间距，中间过道宽80～100厘米，箱距顶棚应保留80厘米左右的间距。垛与墙之间也要留10厘米以上间距，使每箱葡萄都能均匀地接受冷气。码垛不好会使部分葡萄品温下降缓慢，使每垛中间的葡萄箱先出现腐烂，与码垛不好、冷气流通不畅有直接关系。⑤利用自然冷源预冷在北方较冷凉的地区可以采用。葡萄采收期接降霜期的夜间气温已比较低，而且空气湿度小。贮户必须突击采收，避免葡萄被冻在树上。农户为加速采收后葡萄品温的下降、减少葡萄携带太多田间水分，常将葡萄箱摆在葡萄架下或冷库附近通风干燥的场地上，敞口一夜，待天亮前或下露前，再放保鲜剂，封袋口入库码垛。通常适合以下情况：一是需要袋内保持较高湿度的品种如巨峰、藤稔、康太等欧美杂种品种；二是东方品种群中果梗耐干燥能力强的品种，如木纳格、龙眼等，这些品种要求贮藏环境湿度低（85%～90%），要求敞口预冷时间长，为节省能源和加速入库，可在库外预冷一夜；三是霜冻即将来临，必须突击采收；四是微型冷库因大批采下的葡萄无法单层摆放在冷库内预冷，需利用自然冷源预冷。

必须指出，利用自然冷源预冷是目前我国农村制冷设备不足情况下临时措施。随着冷库设施增加和预冷库的建设，今后冷库内预冷将成为潮流。

（四）保鲜剂的使用方法

1. 葡萄保鲜剂种类及选择

影响葡萄贮藏保鲜效果的4个环境因素中（温度、湿度、气体、微生物），尤以微生物侵染占更重要位置。这是因为在采收入库过程中，葡萄出现轻微的伤痕是不可避免的。

因此，葡萄保鲜主体是防腐保鲜剂。如前所述，葡萄防腐保鲜产品，多以亚硫酸盐为主剂，靠贮藏环境中的湿度，使水分子进入保鲜剂上方孔眼，与亚硫酸盐化合，释放出二氧化硫（SO_2），并从保鲜剂的孔隙处散至箱内，并抑制菌霉滋生，达到防霉变、防腐烂的目的。因此，选择好的葡萄防腐保鲜剂是贮户能否贮好葡萄的关键点。

（1）选择双起动型保鲜剂　有一类防腐保鲜剂（如 CT_2），它的起动因素是水（H_2O）和二氧化碳（CO_2），即双起动因素保鲜剂。它比较适合巨峰等欧美杂种品种使用。这类品种与欧洲种的较大区别是在入贮前期、温度尚未降到 0℃ 以前的这段时间，果实呼吸强度大，箱内会释放出较多的水和二氧化碳，极易滋生霉菌，并造成后期霉变腐烂。因此，贮藏巨峰类品种较适合选用双起动因素防腐保鲜剂。

（2）双重释放防腐保鲜剂　即前期快速释放与长效缓慢释放（SO_2）相结合的防腐保鲜剂。有些品种如玫瑰香、泽香品种对 SO_2 型保鲜剂抗药能力较强，但在采收中易在果蒂与果粒之间出现肉眼看不见的伤痕。因此，宜选用双重释放型防腐保鲜剂。另一种情况是，在多雨地区或多雨年份，果园病害较重，入贮葡萄带菌量相对较多，在这种情况下，最好使用双重释放型防腐保鲜剂。

（3）复合型防腐保鲜剂　指防腐保鲜剂中除二氧化硫型防腐保鲜剂外，还含有其他类型的防腐药剂，靠多种复合药剂在葡萄箱内释放，来实现抑制菌、杀菌的目的。这类保鲜剂主要适合于对二氧化硫（SO_2）抗性较弱的葡萄品种。这些品种使用单一二氧化硫型药剂时，不可像巨峰品种那样放入足量的保鲜剂，但是放入保鲜剂的量偏少就会在贮藏中后期 SO_2 总药剂量不足而出现霉变腐烂。这些品种包括红地球、红宝石、瑞比尔、牛奶、木纳格和大多数的无核品种。这类品种只有通过复合药剂的释放才能实现抑菌、杀菌，又可基本上不出现较严重的漂白药害。因此，这类复合型防腐保鲜剂的主剂原料成本、包装成本等较高，故复合型防腐保鲜剂售价偏高。

(4) *防腐保鲜剂的剂型选择* 目前市场上的葡萄防腐保鲜剂有3种剂型，即片剂、粉剂和颗粒剂。片剂是将亚硫酸盐与多种辅料混合或化合后，经压片机压制成药片（一般每片重0.5克），然后包装在塑膜小纸袋内，每小袋装2片药，袋子大小为4厘米×4厘米，通常可贮葡萄500克，选择这种防腐保鲜剂的关键是查看片剂的主剂成分、有效含量、SO_2 释放速度和稳定性、释放的起动因素、有效期长短，以及与品种、栽培环境的合理配合。

粉剂型防腐保鲜剂是以亚硫酸盐为主剂加一些辅剂，通过机械性混合后，按一定量包成粉包，有的先用纸袋装药，然后用塑料薄膜裹卷，药剂从粉包的两端，透过纸袋释出二氧化硫。这种保鲜剂的前期释放速度太快，易发生药害。常用于短期贮藏或抗药性强的低档次葡萄品种的贮藏。

颗粒型防腐保鲜剂是近年来研制的新产品，是将主剂、辅剂经机械混合后又在反应釜内化合加工成颗粒。其释放速度比较稳定，并有通过调整辅剂配方和化合工艺加工成释放速度和释放量不同的单剂型和复合型产品。这种剂型已在生产上应用。

二氧化硫型保鲜剂不仅有抑制霉菌、防止果实腐烂的功能，也有抑制呼吸作用和酶活性的功能。在相当长期以来，二氧化硫型保鲜剂一直是葡萄防腐保鲜剂的主体产品。但带有超剂量 SO_2 食品，对人体是有害的，因此选择葡萄保鲜剂时，应注意是否附有绿色保鲜材料标志。按美国食品与卫生组织（FAD）的规定，每千克食品内 SO_2 残留量不得超过10毫克，即占食品总重量十万分之一的 SO_2。据测定，CT_2 葡萄保鲜剂贮藏后的葡萄，贮后6个月果实内二氧化硫残留量不到果实总重量的百万分之五，每公斤仅3~5毫克。仅为国产葡萄酒内的二氧化硫残留量的1/10。

抑制酶活性的保鲜剂在葡萄上应用较少。国家农产品保鲜工程技术研究中心（天津）研制的湿度调节膜，内含可吸附有害气体（如乙烯）的吸附剂，另有单独的乙烯脱除剂产品，都是对巨峰等入贮后易形成呼吸高峰的葡萄品种有良好作用的产品。

2. 保鲜剂的使用方法

现以北方巨峰品种和使用CT_2保鲜剂为例说明使用方法。如前所述，CT_2属片剂型保鲜剂，每个小塑膜纸袋内含2片药。使用剂量按每500克葡萄用一包药（2片），若每箱装5千克葡萄，即用10包保鲜剂。投药方法是在投药前，用大头针在每包药上扎2个透眼，然后均匀地将此保鲜剂放入衬有保鲜膜的葡萄箱内。CT_2保鲜剂为水与二氧化碳双起动药剂，故药剂不能放入箱的最底层。因为葡萄在入贮后容易出现结露现象，露滴会顺着保鲜膜流到箱底部，箱底易有积水，若有保鲜药在底层则会造成药袋内进水，药力会快速释放。如葡萄箱为单层包袋，可将保鲜药剂一部分放在箱的上层，一部分放在葡萄果穗之间；如葡萄箱为双层包装，则将一半保鲜药剂放在一层与二层葡萄之间，另一半放在上层。北方的秋季比较干燥冷凉，一些葡萄贮户就在采收的葡萄装箱后把扎过眼的保鲜剂随即放入箱内，即装完第一层葡萄时把一半药剂均匀放入箱内，然后装第二层，即最上层葡萄，随即把保鲜剂夹放在葡萄穗之间或直接散放在上层。也有的贮户在葡萄入贮经预冷后才放上层葡萄用的保鲜剂。当使用双层包装箱时，宜在田间将一、二层之间的药放好，以免入贮后放药不方便。贮藏实践表明，一、二层之间放药及放药量对贮藏至关重要。因为贮藏后期的腐烂大多数从下层开始，除下层葡萄易受挤压损伤的因素，下层葡萄接触保鲜剂的数量也是不可忽视的因素。在田间一层葡萄码完随即放药，既放药方便，又能放药均匀。故北方地区田间装箱时，放中层药更适宜些。由于CT_2是长效缓慢释放型并由水起动的药剂，田间放药可能会散失一点药剂，但对药效不会有太大影响。放药均衡的最佳方法还是采用单层包装箱好些。

放药量与药袋扎眼数直接影响葡萄的贮藏效果，放药量偏多或扎眼数增加会使葡萄出现二氧化硫漂白葡萄和污染果实；放药量偏少或扎眼数少又会造成二氧化硫在箱内的浓度不够，引致霉菌滋生并腐烂。

(1) 投药 CT_2 有时可偏少　按巨峰品种果实每 500 克放一包 CT_2 药，扎两个透眼为一般标准，如放药量少于此量为投药偏少。

对二氧化硫敏感的品种放 CT_2 药要少些。如前所述，红地球、木纳格等不抗 SO_2，而 CT_2 药扎眼后释放的防腐气体主体是 SO_2。所以这些品种通常每 5 千克果实投放 CT_2 药 6 ~ 7 包，但必须补加其他药剂。

田间带菌量少的葡萄可少放些 CT_2 药。如当年田间病害控制较好，基本上没有田间流行病害，特别是果实成熟期雨水偏少，葡萄病害较轻；果实在坐果后及时套袋防病；树势健壮，果实负载量适中，果实质量好。在这种情况下，可以适当减少 CT_2 投药量，每 5 千克果实中可放 9 包 CT_2 药，较正常放药量减少5% ~ 10% 为宜。

(2) 可投药量不变，适当增加扎眼数　在北方地区果实成熟期雨水偏多，田间病害普遍较重的年份；从管理水平较低，病害控制不良的果园采摘葡萄时；南方地区果园普遍湿度较大，葡萄带菌量偏多时；从较远处果园采摘葡萄入贮或收购二手葡萄入贮等，均应保证投药量充足，即每 500 克葡萄保证按 1 包 CT_2 保鲜剂投放，只能稍多，不能减少。但每包药的扎眼数可从 2 个透眼增加到 2.5 个透眼，如果只是短期存放（1 ~ 2 个月），也可增至 3 个透眼。以 2.5 个透眼一袋 5 千克包装为例，即 5 千克葡萄应投放 10 包 CT_2 保鲜剂，其中 5 包保鲜剂上扎 3 个透眼，另 5 包扎 2 个透眼。扎眼数越多抑菌作用越强，但药害也更重，所以要根据葡萄的具体情况掌握扎眼数，并在实践中学习掌握。

(3) 调湿保鲜垫的使用方法　调湿保鲜垫主要用于红地球、

木纳格、牛奶等不抗二氧化硫品种的贮藏保鲜。它是由 CT_1 粉剂等加工的复合药膜。早先使用的 CT_1 药属无起动因素保鲜剂，即不论贮藏环境的湿度、二氧化碳、温度等情况如何，都会在打开包装袋后药剂开始自动释放。新型调湿保鲜垫对于外包袋材料和包装袋的热合都有极严格质量要求，要求在葡萄预冷结束和扎口前才可打开包装袋，并取出调湿保鲜垫放在葡萄箱的上层中间，并立即扎袋口。如果前期葡萄箱内有结露，此时露滴可直接滴落到调湿垫上或被主动吸附在调湿垫上。新型 CT_1 保鲜剂是水起动因素药剂，可保证葡萄箱在湿度偏大、温度偏高的前期，也就是霉菌极易滋生和侵染的前期，靠 CT_1 迅速释出杀菌气体杀菌。红地球、木纳格、牛奶等使用的调湿保鲜垫就是靠 CT_1 药释出杀菌气体，补充 CT_2 药剂总量偏少抑菌力不足的缺点，从而达到应有的抑菌效果，又不因二氧化硫造成较重伤害。调湿保鲜垫可吸附入贮早期箱内过多的水气，又可补充贮藏后期箱内湿度不足的问题。

贮户若做到了入贮葡萄的快速预冷，封袋后又基本无结露现象，那么这类贮库没必要放调湿垫，但含复合型药剂的保鲜垫还是要放的。

（五）冷库管理

1. 温度管理

冷库管理的重点是保持冷库温度的稳定性。

（1）冷库的前期管理　葡萄预冷时间通常是指葡萄品温达到或接近冰点温度（0～－1℃）所花费的时间。但实际上，在无专门预冷库或冷库库体偏小的情况下，葡萄很难在敞口预冷1～2天使果品温度达到0℃。因此，早期冷库温度可调整到比葡萄要求的温度低0.5℃，以加快葡萄预冷。如贮存巨峰品种为主的冷库，前1周左右可将库温降至－1～－1.5℃；当果品温度降至0℃左右时，立即将冷库温度提升到0～-1℃。第一阶段时间的长短还与包装箱种类有关，因为聚苯板箱、纸箱比板条箱、塑料箱冷热交换水平更差。一般第一阶段宜长一些。严格地说，用聚苯板箱贮藏葡萄并不适合。此外，牛奶、木纳格这些品种，早期冷库温度应控制在-0.5～-1℃，然后再提升到0.5～-0.5℃。

冷库温度控制因随品种而异，也与成熟度有关系。凡果穗梗木质化程度高、果粒含糖量较高的葡萄，则较抗低温。果实负载量高、果品质量较差，则葡萄不耐低温。冷库管理人员应根据品种及质量情况，确定合理的冷库温度。

冷库内不同部位温度也有差异，靠近风机的部位温度最低，在冷库进门处无风机一侧的温度稍高。在摆放葡萄箱时，还应视品种、质量差异，选择合适的库位码垛。在冷库风机的风口处及每垛的最上层葡萄箱的葡萄容易忽凉（开机阶段）忽热（停机阶段），有经验的葡萄贮户通常在靠风机部位用塑料膜、麻袋片等遮挡葡萄箱。如果使用的是板条箱，箱上无盖，则每垛最顶层的葡萄箱要用两层报纸覆盖。

为了节省能源，当库外库温降到0℃时，应打开冷库的通风机，加速冷库降温，并可降低冷库湿度。当外界温度低于-6℃时，则不宜利用自然冷源降温。

（2）*氨制冷冷库管理应注意的问题* 用氨制冷的冷库，目前大多为手动控温，尚无自动调温装置。其冷库温度是否稳定，完全取决于冷库管理人员的责任心。这在葡萄预冷期间，尤显重要。氨制冷冷库普遍存在的问题是夜间冷库温度波动较大。因此，贮户在葡萄入贮头半个月，应随时入库检查温度。对自动控温的微型冷库，贮户也应在葡萄入贮头半个月，随时检查库内温度，避免因电压不稳等因素造成自控部件出现故障，导致库温波动。

（3）*冷库的中后期管理* 北方地区进入12月后，外界温度已经很低，制冷机起动次数明显减少。此时，应注意防止库温过低的问题，认真检查冷库的保温情况，一旦发现库温偏低，应及时采取保温措施。

早春是冷库温度管理的关键时期，此时冷库中大部分葡萄已出库销售，所剩葡萄不多，因而库主常忽视及时开机，这种情况极易在氨制冷的大型冷库出现。

无论是自动温控的冷库，还是氨制冷冷库，都应在冷库内不同处设置水银温度计，精确度应达0.1℃。冷库内的温度应以库内温度计为准，并注意调整自动控制系统的温度与库内温度的差异，更要防止自动温控系统可能失灵，做到及时检修温控系统及制冷系统。

2. 湿度管理

目前，我国葡萄贮藏大都在葡萄箱内衬有保鲜膜，因此，冷库的控湿问题与保鲜膜的选择有密切关系。通常贮户忽视冷库的控湿，这是不对的。

北方地区晚秋和初冬季节空气比较干燥，而早期葡萄箱内湿度易出现不同程度的结露。因此，冷库的湿度应以越低越好。由于各种保鲜膜都有一定的透湿性，尤其以PVC保鲜膜透湿性更好些，在贮藏中可以选用。当北方地区贮藏巨峰等耐湿品种时，还应考虑后期的冷库加湿问题。

在葡萄入贮的敞口期，冷库湿度偏低，无疑有利散失田间带来的水分。但特殊年份，如后期遇涝害或前旱后涝，葡萄入贮后易裂果。据海城冷库经验，贮藏巨峰等极怕干梗的品种，在增加敞口预冷时间中避免巨峰葡萄干梗，可采取冷库地面洒水的办法，适当提高冷库湿度，以此延长葡萄箱敞口时间。但这种方法会导致风机快速结霜，影响制冷效果，应慎用。

有些情况下，降低冷库湿度十分重要。在建库第一年，如库体封顶是在雨季，则库内湿度过大；在南方多雨地区，库内湿度普遍较大，应在入贮前期，加强冷库通风，降低冷库湿度。

3. 气体流通

葡萄入贮后，呼吸强度较高，一些品种还会释出乙烯等有害气体，所以冷库应利用夜间低温注意前期通风换气。在库体管理中做到定期通风换气、保持冷库空气清新洁净，这是冷库管理中应注意的问题。

4. 冷库果品贮藏情况的观察与处理

每个库中的果品，要按品种、质量等级分别码垛，以便随时观察葡萄贮藏中的变化。各类果品，甚至不同葡萄园采摘的果品，都应选择有代表性的葡萄箱作为观察箱。因为葡萄箱在冷库中所处部位不同，温度、湿度有差异，在冷库不同部位应选择若干葡萄箱作为观察箱。对上述不同类型的观察箱，应定期进行检查，贮藏前期和后期可每周检查一次，中期可每半月检查一次。

对葡萄箱检查一般是透过保鲜膜观察葡萄有无霉变、干梗或有无较重的药剂漂白。发现有上述现象发生时，应抽样敞口检查或从箱内提出塑料袋观察低部果穗的变化情况。由于保鲜药造成葡萄粒漂白的，应视情况而定采取相应的检查方法，如个别果粒有这种情况，则不必敞口检查，因为这种果粒通常是采收入贮过程中脱落、半脱落和受伤的果粒；如正常果穗有相当多的果粒出现漂白现象，则应敞口抽样检查，因为药剂引起的漂白现象已超过正常情况。

葡萄与其他不少水果有不同，一旦发现葡萄有腐烂现象，通常发展会十分迅速。因此，及时检查、及时发现问题、及时销售至关重要。

（六）贮藏葡萄病变原因

如前所述，在葡萄贮藏适宜区，巨峰类品种可贮至第二年 3 月份前后。龙眼、秋黑品种还可推长贮期 1 个月左右。在南方地区，贮期会明显缩短，一般只能贮藏至春节前或元旦前。如果在入贮后 1 ~ 2 个月内就出现严重的病菌侵染或生理病变，则说明葡萄质量或冷库管理有问题。

1. 较重的霉变腐烂

原因和预防方法如下：①后期雨水偏多，田间病害较重或葡萄质量差；②采收及入贮过程中或二次装箱损伤较重；③采收后至入贮间隔期超过 2 天；④前期库温偏高和不稳定；⑤预冷时间过短，箱内湿度过大；⑥在田间或在冷库内果实受冻；⑦使用释放量过小或含量过小的保鲜剂或保鲜剂放入量不足，扎眼孔径过小或偏少，保鲜剂在箱内分布不均。

2. 葡萄黄梗、干梗、脱粒

其原因和预防方法如下：①易干梗、易脱粒的品种如红地球、巨峰等；②采收期葡萄叶片上的霜霉病较重；③采前长时间无雨（超过 20 天）或停止灌水过早；④田间存放或装箱后敞口时间过长，在冷库的预冷期间敞口时间过长；⑤塑料保鲜包装膜过薄，透氧性过强，箱内氧气量超过 10% 以上，二氧化碳量低于 1%；⑥采前若使用乙烯利等上色剂或使用无核剂、膨大剂等，以及红地球等花前使用花序拉长剂用量过大，或蘸药时间过早，造成花序拉得过长，穗梗、果梗过细；⑦葡萄成熟不良，果梗嫩脆，含糖量过低；⑧氮素化肥实用过多、果肉硬度下降，果粒固着力下降。

3. 贮藏期裂果

其原因和预防方法如下：①田间已表现有裂果现象，或贮存了易裂果品种；②成熟期有涝害，采前 1 周内有大雨；③生长期干旱，特别是坐果后连续干旱；④采前半月内大量灌水；⑤负载量过高，氮肥施用量大，果实含糖量低于 14%；⑥采前受到轻微冻害；⑦预冷时间偏短，袋内湿度过大。

4. 保鲜剂药害漂白严重

其原因和预防方法如下：①贮藏了对二氧化硫敏感的品种，如红地球、红宝石、利比尔、牛奶等；②采收至入贮造成机械损伤较多；③果实负载量过高，果梗脆绿，果皮薄；④采前或入贮后发生较重的裂果；⑤入贮后，预冷不到位，袋内湿度过大，前期药剂释放过快；⑥冷库温度波动大（ >1℃）库内不同部位温度不均衡；⑦保鲜剂使用量偏大，如对二氧化硫敏感的品种，按巨峰品种的用药量；果箱装果量不足，造成用药量超标；扎眼数过多或扎眼孔径偏大；⑧使用释放速度过快的粉剂保鲜剂。

（七）贮户应注意的几个问题

1. 及早发现问题和及早处理

当贮户发现果实腐烂现象，并有加重的趋势时，可采取如下措施：①将库温下调 0.5℃，最低到 -1.5℃，并抓紧销售；②将库温下调 1℃，最低到 -2℃或再低些，这种情况下，果梗将受冻，果粒不会受冻。使用小型酿酒设备酿制葡萄酒；③早期发现霉变、腐烂，证实是放药量不足时，可通过增加药剂投放量，缓解腐烂的进展速度，并抓紧销售。

当贮户发现漂白现象超出正常情况时，并证实是放药量过大或用药种类有问题则应：①调整用药量到适度程度，即适当减少用药量；②减缓药剂释放量，高速释放快的环境条件，如降湿、降温、稳定温度等。

2. 精细操作、步步到位

贮户一定要明白，葡萄是个活体，它受品种、栽培条件、气候条件、贮藏条件等多种因素影响；贮藏葡萄是个系统工程，在操作中要精细，各步骤工作都要到位，才能贮好葡萄。

3. 不追求贮期长，而追求效益

新贮户期望不要过高，不要追求贮期长，不要追求最高价位，应坚持“短贮、快售”、“有利就出库”的原则。市场是不断变化的，但也有其自身规律可循。与苹果、梨、柑橘比较，葡萄更要“精细贮藏”和“多环节配合”。因为有“难的一面”，才有更大的盈利空间；正因为“好贮的，不一定好卖”，“好卖的，不一定好贮”，要不断总结提高。只要贮户能认真学习，总结经验，贮藏葡萄会给你带来可观的效益。事实上，全国各地靠贮藏葡萄而致富的大户，大多参加过多次培训，善于学习，善于捕捉信息，也是敢于闯市场的开拓者。笔者真诚希望这本书能对您的保鲜贮藏葡萄工作有所帮助，并将您带上致富之路。